Klaus-Peter Lamprecht · Collie und Sheltie

VDH
Herausgegeben unter dem Patronat
des Verbandes für das Deutsche
Hundewesen e.V., 4600 Dortmund

Klaus-Peter Lamprecht

Collie und Sheltie

Langhaar- und Kurzhaar-Collie

Praktische Ratschläge für Haltung, Pflege und Erziehung

6. Auflage
Mit 49 Abbildungen, davon 5 farbig

Verlag Paul Parey · Hamburg und Berlin

Die Kapitel „Ernährung“ und „Gesundheit“ wurden von Dr. med. vet. Peter Brehm verfaßt.

Weitere Bände in der Reihe „Dein Hund“

Der Afghane · Airedaleterrier · Der Basset · Der Beagle · Bearded Collie · Berner Sennenhunde · Bernhardiner · Der Bobtail · Bouvier des Flandres · Der Boxer · Der Bullterrier · Der Cairn Terrier · Der Chihuahua · Der Chow-Chow · Der Dackel · Der Dalmatiner · Der Dobermann · Die Dogge · Der Foxterrier · Golden und Labrador Retriever · Greyhound · Große Münsterländer · Der Hovawart · Der Kromfohrländer · Der Leonberger · Mischlingshunde · Der Mops · Neufundländer · Der Pekingese · Pinscher und Schnauzer · Der Pudel · Der Riesenschnauzer · Der Rottweiler · Der Deutsche Schäferhund · Schlittenhunde · Setter und Pointer · Der Shih-Tzu · Der Spaniel · Der Spitz · Die Terrier · Ungarische Hirtenhunde · West Highland White Terrier · Der Yorkshire Terrier · Dienst- und Gebrauchshunde · Dein Hund auf Ausstellungen · Dein Hund im Recht

CIP-Kurztitelaufnahme der Deutschen Bibliothek

Collie und Sheltie : Langhaar- und Kurzhaar-Collie ;
praktische Ratschläge für Haltung, Pflege und Erziehung /
Klaus-Peter Lamprecht. [Die Kap. „Ernährung“ und „Gesundheit“
wurden von Peter Brehm verf.]. – 6. Aufl., 25. – 34. Tsd. –
Hamburg ; Berlin : Parey, 1992
(Dein Hund)
ISBN 3-490-30112-9
NE: Lamprecht, Klaus-Peter

1.– 7. Tausend 1976
8.–10. Tausend 1982 (Neubearbeitung)
11.–15. Tausend 1984
16.–18. Tausend 1988
19.–24. Tausend 1990 (Neubearbeitung)
25.–34. Tausend 1992

Anschriften: Spitalerstraße 12, D-2000 Hamburg 1; Seelbuschring 9–17, D-1000 Berlin 42
Umschlaggestaltung: Evelyn Fischer, Hamburg
Satz: Westholsteinische Verlagsdruckerei Boyens & Co., Heide/Holst.
Druck: Druck- + Verlagshaus Wienand, Köln
Printed in Germany
ISBN 3-490-30112-9

Vorwort

Dieses Buch soll Ihnen bei der Auswahl Ihres neuen Hausgenossen helfen. Seit dem Erscheinen der Lassie-Serie bei uns in der Bundesrepublik Deutschland erfreut sich der Collie großer Beliebtheit. Er hat mit dieser Serie auch seinem kleinen Verwandten, dem Sheltie, Tür und Tor geöffnet. Beide Rassen sind nicht nur eine Augenweide, sondern auch sehr kinderlieb. Sie haben keinen Jagdtrieb, sie hängen sehr an allen Familienmitgliedern und bewachen deren Besitz. Sie sind keine Streuner, sondern treu bis zum Tod. Sie sind sehr wetterfest und robust, und sie lassen sich leicht pflegen. Auch in der Fütterung sind Collies und Shelties problemlos. Da beide Rassen gern und leicht lernen, macht ihre Erziehung keine Mühe.

Seit über 20 Jahren züchte ich Collies. Deshalb wünsche ich mir, daß Ihnen dieses aus Erfahrung geschriebene Buch bei der Pflege, Erziehung, Ausbildung, Zucht und Ausstellung Ihres Collies und Shelties hilft.

Nach der gründlich überarbeiteten und aktualisierten 5. Auflage konnte die schon bald darauf fällig gewordene 6. Auflage ohne wesentliche Änderungen gefertigt werden.

Lübeck-Niendorf, im Frühjahr 1992 Klaus-Peter Lamprecht

Bildnachweis

Titelbild	Rolf Hinz, Wedel
Seite 9	Christa Fuglsang, Hamburg
Seiten 12, 21, 23, 28, 29, 32, 36, 37, 41, 48, 49, 52, 54, 57, 59, 70, 75, 82, 87	Dagmar Siegmann, Berlin
Seiten 15, 17	Peter H. Nengelken, Pulheim-Stommeln
Seite 16	Elsemarie Hauge, Odense (Dänemark)
Seite 19	Interessengemeinschaft Deutscher Hundehalter e. V., Hamburg
Seite 35	Ernst Hoffmann, Lübeck
Seiten 38, 65	Angelika Samrei, Norderstedt
Seite 44	Hannelore Haß, Altenholz
Seite 61	Henry Kühne, Lübeck
Seite 79	Bernd Stegemann, Lübeck

Alle übrigen Abbildungen stammen vom Verfasser.

Inhalt

Herkunft von Collie und Sheltie

Sowohl Collie als auch Sheltie stammen – wie übrigens alle der heute gezüchteten Vertreter der Britischen Hütehunde – von reinen Arbeitshunden ab, deren Aufgabe es war, Schaf- und manchmal auch Rinderherden zu hüten.

Der Border-Collie, ein schwarzweißer Arbeitshund, gilt als Stammvater des Collies. Seine genaue Herkunft liegt im dunkeln, man weiß nur, daß sich der Name Collie von den Colleys – Schafen mit schwarzen Gesichtern und Läufen – ableitet, die er auf den schottischen Hochebenen und wohl auch im Norden Englands hütete.

Langhaariger Collie etwa um 1900

Mitte des 19. Jahrhunderts wurde der Border-Collie auch in den übrigen Teilen des Landes beliebt. Erfahrene englische und schottische Züchter nahmen sich seiner an und schufen den Typ des heutigen Collies. 1870 erschien der erste auf einer Ausstellung in Birmingham. 1871 trat „Old Cocki“ in Erscheinung, der als Urvater aller Collies gilt. Er war sehr massiv, etwas kurz und gedrungen, hatte einen breiten Oberschädel, zugleich aber das lange weiße Brusthaar in Fülle und eine Halskrause. Aber schon in der vierten Generation bildete sich mit dem Urenkel „Metchley Wonder“ der heutige Typ heraus, der im Laufe der Jahrzehnte praktisch unverändert blieb.

Der Name Sheltie deutet es schon an, er stammt von den Shetland-Inseln. Auch seine Vorfahren waren reine Arbeitshunde, die die Shetland-Schafe, aber auch kleine Rinderherden hüteten. Der Weg hin zu seinem heutigen Erscheinungsbild ist nicht ganz geklärt, sicher ist jedoch, daß er etwa zur selben Zeit wie der Collie unter Hundekennern auch fern der Shetland-Inseln Freunde fand, und daß er bald mit dem Collie gekreuzt wurde. Heute sehen viele im Sheltie nur eine Miniaturausgabe des Collies; im Wesen bestehen aber – wie noch aufgezeigt wird – gewisse Unterschiede.

Für beide Rassen typisch ist ihre Zurückhaltung gegenüber Fremden, ihre treue Ergebenheit und Zuverlässigkeit zu ihrem Herrn und ihr immer noch stark ausgeprägter Hütetrieb.

Weitere angenehme Eigenschaften beider Rassen: Sie sind keine Raufer und wildern nicht, auch wenn hier Ausnahmen die Regel bestätigen. Sie brauchen nicht mehr Pflege als jeder andere langhaarige Hund, und sie sind auch gut in der Stadt zu halten.

Die Überlegung, einen Hund anzuschaffen

Aus Erfahrung kann ich sagen, daß Collie und Sheltie nicht nur in ihrem Erscheinungsbild sehr ansprechende, sondern auch in ihrem Wesen liebenswerte Hunde sind; man kann an beiden viel Freude haben. Doch sollte am Anfang stets die Frage stehen: Habe ich auch genug Zeit für meinen Hund? Denn der Collie wie der Sheltie ist liebebedürftig, man kann sie nicht einfach in den Zwinger sperren. Auch sollte man bedenken, daß ein Hund 10 bis 15 Jahre alt wird. Wir müssen uns also darüber klar sein, daß wir einen neuen Hausgenossen erhalten, der ab und zu einen Verzicht von uns fordert. Das kann zum Beispiel Verzicht auf Urlaub in einem Land sein, in das man keinen Hund mitnehmen darf.

Hat man dies gründlich bedacht und sich trotzdem entschlossen, einen Hund anzuschaffen, so werden die folgenden Hinweise bei der Auswahl, der Erziehung und Pflege nützlich und hilfreich sein.

Zwölf Wochen alte Welpen im Schnee

Bill von der Kladower Oase, 16 Wochen alt

Welche Rasse nehme ich – einen Collie oder einen Sheltie?

Äußerlich unterscheiden sich beide Hunde nur in der Größe. Aber vom Temperament her besteht schon ein gewisser Unterschied zwischen ihnen. Der Collie ist ruhiger und in seinem Verhalten beinahe „majestätisch“ zu nennen, während der Sheltie wesentlich lebhafter ist und gern einmal bellt. Allerdings gilt auch hier: Ausnahmen bestätigen die Regel. Ich habe mich vor Jahren für einen Collie entschieden und es nie bereut. Heute haben wir 15 Collies, die sich alle gut vertragen, obwohl sie den ganzen Tag über in einem gemeinsamen Gehege sind und Gelegenheit genug hätten, sich zu beißen.

Ist Platz genug vorhanden, so würde ich immer zu einem Collie raten, selbst in einer Etagenwohnung. Wenn er auch etwas größer ist, so wird er die Nachbarn nicht stören. Doch sollte man sich dann für eine Hündin entscheiden, weil sie nicht so groß wie ein Rüde wird.

Wir, meine Frau, meine Tochter und ich, haben drei Jahre in einer Etagenwohnung mit unserer Hündin gelebt, und nie ist sie uns im

Tricolor-Collie

Wege gewesen. Es gab auch keine Beschwerden der Nachbarn über Bellen oder Schmutz. Man hört immer wieder, ein großer Hund bringe zuviel Schmutz in die Wohnung. Dem ist nicht so. Er hat zwar schmutzige Läufe, bei einem kleinen Hund ist aber auch der ganze Bauch bespritzt. Das tägliche Auf und Ab im Treppenhaus wird von einem größeren Hund besser bewältigt, da er lange Beine hat und die Wirbelsäule nicht so beansprucht wird.

Genehmigung des Vermieters

Wenn Sie in einem Mietshaus wohnen, sollten Sie sich vor dem Kauf des Hundes unbedingt eine (schriftliche) Genehmigung vom Vermieter besorgen; denn es ist für Hund und Herrn unangenehm, den neuen Hausgenossen wieder abgeben zu müssen, wenn sich herausstellt, daß man ihn nicht in der Wohnung halten darf.

Rassekennzeichen von Collie und Sheltie

Standard des langhaarigen Collies

Charakteristik. Damit der Collie seiner natürlichen Aufgabe als Hütehund gewachsen ist, muß seine Körperstruktur kraftvoll und beweglich sein, frei von Plumpheit und ohne jegliche Spur von Schwerfälligkeit.

Der **Ausdruck**, einer der bedeutendsten Punkte für die Beurteilung, beruht auf der vollkommenen Ausgeglichenheit und dem Zusammenspiel von Schädel und Vorgesicht, Größe, Form, Farbe und Sitz (Schnitt) des Auges, Ansatz und Haltung der Ohren.

Allgemeine Erscheinung. Der Collie soll auf den ersten Blick als Hund von großer Schönheit erscheinen, wobei, wenn er ruhig steht, kein Teil im Gesamtbild unproportional wirken darf.

Kopf und Schädel. Die Kopfformen sind von größter Bedeutung und müssen im Verhältnis zur Größe des Hundes beurteilt werden. Von vorn oder seitlich gesehen, gleicht der Kopf grundsätzlich einem gut abgestumpften, gut geschnittenen Keil mit glatten Außenlinien. Der Schädel soll flach sein. Die Seiten sollen sich allmählich und glatt von den Ohren bis zum Ende der schwarzen Nase zu verjüngen, ohne vorspringende Backenknochen oder spitze Schnauze.

Im Profil gesehen liegen die Oberlinie des Schädels und die der Schnauze (Nase) auf zwei parallelen, geraden Ebenen von gleicher Länge, die durch einen leichten, aber merklichen Stop oder eine Unterbrechung geteilt werden. Der Mittelpunkt zwischen den Innenseiten der Augenwinkel ist auch der Mittelpunkt eines korrekt plazierten Stops und die Mitte der Längslinie des Kopfes. Das Ende der glatten, gut abgerundeten Schnauze (Nase) ist stumpf, aber nicht quadratisch. Der Unterkiefer ist kräftig, sauber geschnitten, und die Tiefe des Schädels von den Brauen zum Unterteil des Unterkiefers hin darf niemals übermäßig sein (von oben nach unten). Unabhängig von der Farbe des Hundes muß die Nase schwarz sein.

Augen. Sie sind ein bedeutendes Merkmal und geben dem Hund einen freundlichen Ausdruck. Sie sollen mittelgroß, schräg gesetzt, mandelförmig und von dunkelbrauner Farbe sein, ausgenommen bei

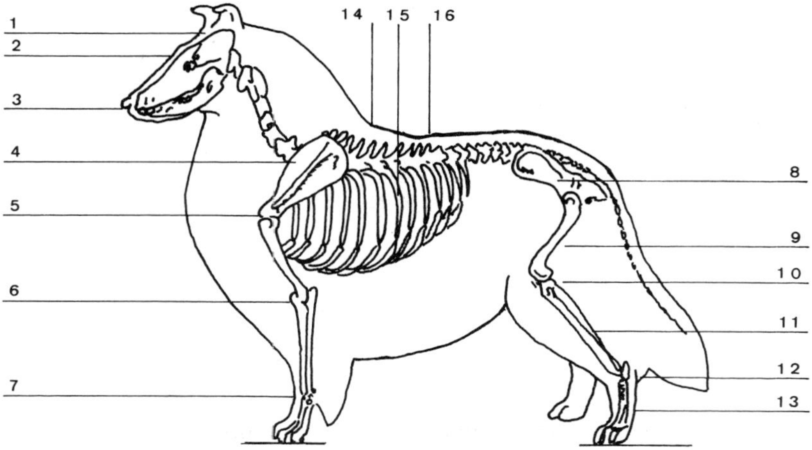

Gebäude eines Collies

1 Oberkopf
2 Stop
3 Fang
4 Schulterblatt
5 Schultergelenk
6 Ellbogen
7 Vordermittelfuß
8 Becken
9 Oberschenkel
10 Kniegelenk
11 Schienbein
12 Sprunggelenk
13 Hintermittelfuß
14 Widerrist
15 Rippen
16 Rücken

Bluemerles, bei denen ein Auge oder beide – auch teilweise – blau oder blaugefleckt sind. Der Ausdruck soll Reaktionsstärke erkennen lassen, mit einem lebhaften, wachen Blick beim Lauschen.

Ohren. Sie sollen klein und weder zu nahe beieinander auf dem Schädel noch zu sehr seitlich am Kopf angesetzt sein. In Ruhe sollen sie zurückgelegt getragen, beim Aufmerken jedoch nach vorn gebracht und halb aufgerichtet getragen werden. Das heißt, etwa zwei Drittel des Ohres sollen aufrecht stehen, wobei das oberste Drittel nach vorn unter die Horizontale kippt.

Gebiß. Die Zähne sollen von guter Größe sein, wobei die unteren Schneidezähne dicht hinter den oberen schließen. Ein ganz kleiner Zwischenraum soll nicht als schwerer Fehler angesehen werden.

Hals. Der Hals soll muskulös, kräftig, von angemessener Länge und gut gewölbt sein.

Vorderhand. Die Schultern sollen schräg verlaufen und gut angewinkelt sein. Die Vorderläufe sollen gerade und muskulös und an den Ellenbogen weder einwärts noch auswärts gedreht sein, die Knochen mäßig stark.

Standardgerechter langhaariger Collie

Körperbau. Der Körper sollte ein wenig länger sein als hoch, der Rücken fest, leicht gewölbt über den Lenden, die Rippen gut gerundet, die Brust tief und ziemlich breit hinter den Schultern.

Hinterhand. Sie soll an den Schenkeln muskulös sein, trocken und sehnig unterhalb der Fersen, mit gut gebogenen Knien, das Sprunggelenk tiefgestellt und kräftig.

Pfoten. In der Form sind sie oval, mit gut gepolsterten Sohlen, die Zehen gewölbt und geschlossen. Die Pfoten der Hinterhand sind etwas weniger gewölbt.

Gangart. Die Bewegung ist ein deutliches Kennzeichen dieser Rasse: Obwohl ein gesunder Hund nie die Ellenbogen ausdreht, sind in der Bewegung die Vorderpfoten verhältnismäßig eng beieinander. Kreuzgang oder rollende Bewegungen sind äußerst unerwünscht.

Von hinten betrachtet sollen die Hinterläufe vom Sprunggelenk abwärts parallel sein. Die Hinterhand ist kraftvoll, mit viel Schub. Von

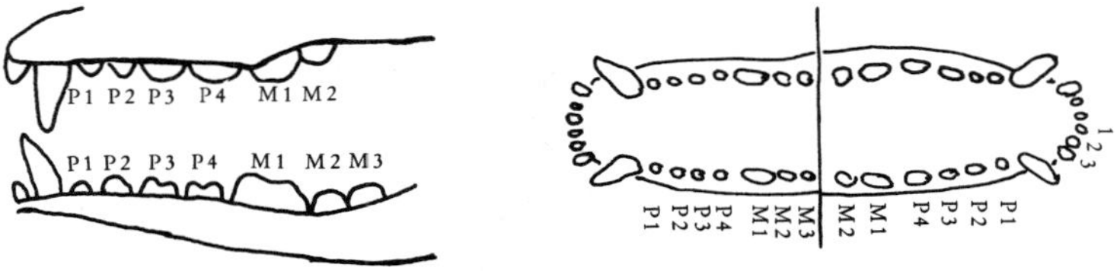

Das bleibende Gebiß.
Vollständige Zähne oben: zweimal 3 Schneidezähne, 1 Fangzahn, 4 Prämolaren, 2 Molaren. Unten: zweimal 3 Schneidezähne, 1 Fangzahn, 4 Prämolaren, 3 Molaren. Insgesamt: 42 Zähne

A korrekte Vorderhand. B ausgedrehte Ellbogen und nach innen gesetzte Pfoten. C enge Brust mit zu eng anliegenden Ellbogen und ausgedrehten Pfoten

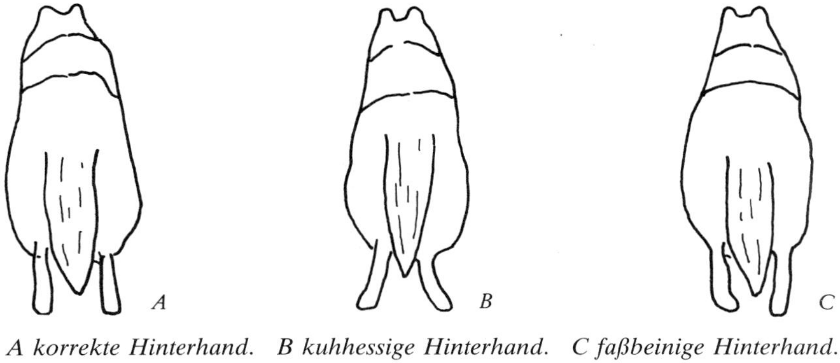

A korrekte Hinterhand. B kuhhessige Hinterhand. C faßbeinige Hinterhand.

der Seite aus erscheint der Gang geschmeidig. Ein ziemlich ausgreifender und daher leichter, müheloser Gang ist erwünscht.

Rute. Sie ist lang, wobei das Knochenende mindestens bis zum Sprunggelenk reicht. In Ruhe wird sie hängend getragen, mit einem leichten Aufwärtsschwung am Ende. In der Erregung kann sie lang gereckt getragen werden, aber nicht über dem Rücken.

Behaarung. Das Haarkleid soll sehr dicht und den Außenlinien des Hundes angepaßt sein. Das Deckhaar ist straff und fühlt sich hart an, die Unterwolle weich, pelzartig und sehr dicht – so dicht, daß sie die Haut fast vollständig verdeckt.

Mähne und **Halskrause** sind besonders reichlich, das Gesicht (Maske) und die Ohren an den Spitzen kurz behaart. Zum Ansatz hin sollen die Ohren mehr Haar tragen. Die Vorderläufe sind gut befedert, die Hinterläufe oberhalb der Sprunggelenke überreich, aber schon unterhalb der Fersen kurz behaart. Reichliche Haartracht weist die Rute auf.

Farbe. Drei Farben sind anerkannt: 1. Gelb-weiß, dazu gehört jeder Farbton vom hellen Goldgelb bis zum dunklen Mahagoni oder Dunkelgelb. Ein helles Strohgelb oder ein cremefarbener Ton sind sehr unerwünscht. 2. Tricolor: vorwiegend schwarz, mit Abzeichen, die rostbraun (englisch: tan) sind und an Läufen und Kopf sitzen. Eine rostfarbene Tönung im Deckhaar ist sehr unerwünscht. 3. Bluemerle: ein vorwiegend klares, silbriges Blau, gesprenkelt und marmoriert mit Schwarz. Kräftige rotbraune Abzeichen werden bevorzugt, sind sie nicht vorhanden, gilt dies jedoch nicht als Fehler. Große schwarze Flecken, schiefergraue Farbe oder eine rostbraune Tönung des Deckhaars oder der Unterwolle sind nicht erwünscht. Alle oben genannten Farben können mehr oder weniger die typischen weißen Collieabzeichen tragen. Die folgenden Abzeichen werden bevorzugt: weiße Halskrause, durchgehend oder teilweise; weiße Brust, Läufe und Pfoten; weiße Rutenspitze. Eine weiße Blesse kann auf Nase oder Stirn oder auf beiden vorhanden sein.

(Im Zusammenhang mit der Bluemerle-Färbung sei darauf hingewiesen, daß die diese Farbe bedingende Erbanlage bei verschiedenen Rassen, so auch bei Collie und Sheltie, unter Umständen zu Blindheit und Taubheit führen kann.)

Größe und Gewicht. Rüden 56 bis 61 cm Schulterhöhe, Hündinnen 51 bis 56 cm Schulterhöhe; Rüden 20 bis 30, Hündinnen 18 bis 25 Kilogramm.

Fehler. Eine im Vergleich zum Körper offensichtlich unproportionierte Kopflänge, ein abfallender Oberschädel oder ein unausgeglichener Kopf gelten als schwere Fehler.

Kurzhaariger Collie

Unerwünscht sind weiter: Schwache, zu spitze Schnauze, gewölbter Schädel, spitz vorspringendes Hinterhauptbein, vorstehende Backenknochen, eingesattelte oder krumme (römische) Nase. Vorbiß oder Rückbiß, Zahnverlust, runde oder stachelbeerfarbene gläserne oder starrende Augen sind streng zu verwerfen. Im Gebäude flachrippig, kurz oder klobig, steile Schulter oder steile Kniepartie, ausgedrehte Ellenbogen, krumme Vorderläufe, Kuhhessigkeit oder steile Sprunggelenke, große, offene oder Hasenpfoten, aus- oder einwärtsgedrehte Pfoten, lange, weiche Fesseln, eine zu kurze Rute, eine Rute, die nach einer Seite gebogen oder gedreht ist oder über dem Rücken getragen wird, seidig weiches oder gewelltes Haar, ungenügende Unterwolle, Stehohren, schwere Ohren und schließlich Nervosität gehören zur Fehlerliste.

Kurzhaariger Collie. Er unterscheidet sich vom langhaarigen Artgenossen nur durch die Behaarung, die hart, dicht und ganz kurz sein soll.

Standard des Shelties

Merkmale: Damit der Sheltie seiner natürlichen Veranlagung zum Hüten von Schafen nachkommen kann, muß sein Körperbau kräftig und beweglich sein, aber nicht plump, und ohne jede Spur von Grobheit. Obwohl der Sheltie in seinem Typ Ähnlichkeit mit dem Langhaar-Collie zeigt, gibt es doch Unterschiede, die nicht übersehen werden dürfen. Der Ausdruck, eines der hervorstechendsten Merkmale dieser Rasse, entsteht durch vollkommene Ausgeglichenheit und Harmonie von Schädel und Vorgesicht, von Größe, Form, Farbe und Plazierung der Augen, Ansatz und Trageweise der Ohren: Ist dies alles harmonisch aufeinander abgestimmt, so ergibt sich ein Ausdruck freundlicher Aufmerksamkeit.

Der Sheltie muß seinem Herrn Zuneigung entgegenbringen und auf ihn reagieren, er kann Fremden gegenüber reserviert sein, aber er darf keine Nervosität zeigen.

Allgemeines Aussehen. Der Sheltie erweckt den Eindruck eines schönen, aufmerksamen und wachsamen Hundes. Seine Bewegungen sind schnell, geschmeidig und elegant, seine Sprungkraft ist, gemessen an der Größe, beachtlich. Das Gesamtbild sollte symmetrisch sein, so daß alle Teile des Hundes in einem harmonischen Verhältnis zueinander stehen. Eine Fülle von Haar an Mähne und Brust, zusammen mit einem schön geformten Kopf von lieblichem Ausdruck, verkörpert den idealen Sheltie, der Bewunderung hervorruft und erhält.

Kopf und Schädel. Der Kopf sollte eine klare Linie haben. Die Form muß von oben oder von der Seite gesehen die eines langen, stumpfen Keils sein, der sich von den Ohren zur Nase hin verjüngt. Die Breite des Schädels hängt davon ab, wie lang Schädel und Schnauze insgesamt sind. Die Proportionen des Kopfes müssen im Zusammenhang mit der Größe des Hundes gesehen werden. Der Schädel soll flach und zwischen den Ohren mäßig breit sein, das Hinterhauptbein darf nicht vorstehen. Die Backen müssen flach sein und glatt in die gut gerundete Schnauze passen. Schädel und Schnauze müssen gleich lang sein, Mittelpunkt sind die inneren Augenwinkel. Im Profil sollte die Oberkante des Schädels mit der Oberkante der Schnauze parallel verlaufen,

Sheltie, wie ihn der Standard beschreibt

allerdings wegen eines leichten, aber sichtbaren Stops etwas erhöht ansetzen. Die Kiefer müssen klar und stark sein, mit einem kräftigen Unterkiefer. Die Lefzen sind straff. Die Zähne müssen gesund und kräftig sein, mit einem gleichmäßigen Scherengebiß.

Augen. Sie sind ein wichtiges Merkmal, weil sie dem Hund seinen Ausdruck verleihen. Sie sollen mittelgroß, schräg gesetzt und mandelförmig sein. Die Farbe ist Dunkelbraun; beim Merle ist Blau erlaubt.

Ohren. Die Ohren sollten klein, am Ansatz mäßig breit sein. Sie stehen auf dem Schädel recht eng zusammen. In Ruhelage werden sie zurückgeschlagen getragen. Wenn der Hund aufmerksam ist, kommen sie nach vorn und stehen halbhoch, wobei die Spitzen nach vorn fallen.

Nacken. Der Nacken sollte muskulös und gut gewölbt sein und eine angemessene Länge besitzen.

Körper, Vor- und Hinterhand. Die Schulterblätter sollen in einem Winkel von 45 Grad vom Widerrist nach vorn und nach unten zum Schultergelenk hin abfallen. Am Widerrist sind sie nur durch die Wirbelsäule getrennt, sie müssen jedoch nach außen abfallen, um Platz für die Bewegung der Rippen zu schaffen. Der obere Teil des Laufes soll mit dem Schulterblatt möglichst rechtwinklig zusammentreffen. Das Ellbogengelenk muß vom Boden und vom Widerrist gleich weit entfernt sein. Die Vorderläufe sollen von vorn gesehen gerade sein, muskulös und klar, mit kräftigen Knochen, die Fesseln kräftig und elastisch. Der Abstand von Widerrist und Rutenansatz ist größer als die Höhe des Widerristes, wobei die Körperlänge mit dem Winkel von Schulter und Hinterhand zusammenhängt. Die Rippen müssen sehr elastisch sein. Die untere Hälfte muß spitz zulaufen, um den Vorderläufen und den Schultern Bewegungsfreiheit zu geben. Der Rücken muß mit elegantem Schwung, über den Lenden jedoch gerade verlaufen, die Kruppe sollte allmählich abfallen. Die Schenkel müssen breit und gut bemuskelt sein. Der Schenkelknochen am Becken ist im rechten Winkel angesetzt und soll mit dem Winkel der Schulterblätter übereinstimmen. Das Kniegelenk muß dort, wo der Oberschenkelknochen mit dem Schienbein zusammentrifft, einen ausgeprägten Winkel bilden. Das Sprunggelenk muß klar geformt sein, gut gewinkelt und mit kräftigen Knochen. Von hinten gesehen ist es gerade.

Rute. Tief angesetzt, der spitz zulaufende Endknochen muß mindestens bis zum Sprunggelenk reichen. Sie muß stark behaart sein und sollte eine kleine Aufwärtsdrehung am Ende zeigen. In der Bewegung wird sie erhoben, aber niemals über dem Rücken getragen.

Pfoten. Oval geformt, die Sohlen sind gut gepolstert, die Zehen sind gewölbt und stehen dicht zusammen.

Behaarung. Sie hat zwei Schichten. Das Deckhaar ist lang, rauh und glatt; die Unterwolle ist weich, sie gleicht einem Pelz, kurz und sehr dicht. Mähne und Brusthaar müssen äußerst lang und dicht sein, die Vorderläufe gut befedert. Die Hinterläufe sind oberhalb des Sprunggelenks stark, unterhalb jedoch ziemlich kurz behaart. Das Gesicht ist kurz behaart. Was manchmal als kurzhaariger Sheltie bezeichnet wird, ist zu disqualifizieren.

Gangwerk. Die Bewegungen des Shelties sind durch Schnelligkeit und Geschmeidigkeit gekennzeichnet. Stelzendes oder rollendes Gangwerk und steife Auf- und Abbewegungen sind verpönt.

Farbe. Der dreifarbige Typ (Tricolor) soll am Körper tiefschwarz ohne jegliche Schattierung sein, satte braune Abzeichen (tan) werden beim Tricolor bevorzugt. Gelbe (sable) können rein sable, aber auch schattiert sein, jede Farbe von Gold bis zum dunklen Mahagoni ist anerkannt, nur muß die Farbe satt sein. Wolfs- und graue Farben sind unerwünscht. Von den Bluemerles wird ein silbriges Blau verlangt, gesprenkelt und marmoriert mit Schwarz. Satte braune Abzeichen werden bevorzugt. Wenn aber keine vorhanden sind, gilt dies nicht als Fehler. Große schwarze Zeichnungsfelder, schiefergraue oder rostfar-

Enzie von der Kladower Oase mit ihren dreieinhalb Wochen alten Welpen

bene Tönung des Deckhaares und der Unterwolle sind sehr unerwünscht. Der Gesamteindruck sollte Blau sein. Weiße Abzeichen können an Kopf, Hals, Brust, Läufen und an der Rutenspitze vorhanden sein. Alle oder einige braune Abzeichen können sich an Augenbrauen, Backen, Läufen, Kniegelenken und der Unterseite der Rute befinden. Stets sollten weiße Abzeichen bevorzugt werden, unabhängig von der Farbe des Hundes.

Das Fehlen dieser Abzeichen sollte jedoch nicht als Fehler gewertet werden. Schwarz-weiß und Schwarz-braun sind ebenfalls anerkannte Farbschläge. Große weiße Flecken am Körper sind absolut unerwünscht. Die Nase muß generell schwarz sein.

Größe. Am Widerrist gemessen beträgt die ideale Größe für Hündinnen 35,5 cm, für Rüden 36,8 cm. Alles, was 2½ cm über diese Größe hinausgeht, wird als schwerer Fehler gewertet.

Fehler. Gewölbter oder abfallender Schädel, fehlender Stop, Hänge- oder Stehohren, ziemlich ausgeprägte Backenknochen, schwache Kiefer, unvollständiges Gebiß, krumme Vorderläufe, Kuhhessigkeit, geknickte, kurze oder über dem Rücken getragene Rute, weiße oder überwiegend weiße Farbe, rosa oder fleischfarbene Nase, blaue Augen bei jedem Farbschlag außer Bluemerle, Nervosität, runde oder helle Augen, Vor- und Rückbiß.

Hundekauf – eine Vertrauenssache

Wo kaufe ich meinen Hund?

Es ist immer von Vorteil, den Welpen bei einem Züchter zu erwerben. In unserem Fall soll der Züchter Mitglied im Club für Britische Hütehunde sein. Denn damit ist er zugleich Mitglied im Verband für das Deutsche Hundewesen e. V. (VDH), der der Fédération Internationale Cynologique (FCI) angeschlossen ist, und Sie haben die Sicherheit, einen Hund mit international anerkanntem Stammbaum zu bekommen.

Nun höre ich öfter, es müsse doch kein Hund mit Papieren sein, denn ein anderer tue es ja auch. Das ist nicht von der Hand zu weisen, zumal diese Hunde meist billiger in der Anschaffung sind – aber Vorsicht! Als Vorsitzender des Clubs für Britische Hütehunde Schleswig-Holstein erlebe ich es oft, daß Hundeliebhaber mit manchmal bedauernswerten jungen Hunden zu mir kommen, die billig bei einem Händler erworben wurden. Die meisten hatten schon etliche Arztbesuche hinter sich, wurden aber dennoch nicht wieder gesund, und an den international anerkannten Papieren mangelte es auch. Wenn die Besitzer mich dann bitten, ihnen bei einer Schadenersatzforderung zu helfen, muß ich in den meisten Fällen abraten, weil eine Klage oder die verspätete Forderung nach einem Preisnachlaß nichts mehr nützen können. Anders verhält es sich bei einem Hund mit VDH-Papieren von einem Züchter; hier kommt man über den Club zu seinem Recht. Doch die Erfahrung zeigt, daß es so gut wie nie Reklamationen bei einem Hund aus anerkannter Zucht gegeben hat.

Warum beim Züchter?

Leider gibt es auch Händler, die sich Züchter nennen. Wenn man sich einen Hund anschaffen möchte, empfiehlt es sich, nicht gleich bei dem ersten Anbieter zu kaufen, sondern sich Zeit zu nehmen und möglichst mehrere Zwingeranlagen zu besichtigen. Achten Sie beim Vergleich auf die Sauberkeit der Anlage und das Verhalten der Hunde. Es bleibt

Acht Wochen alter Colliewelpe aus dem Zwinger von Moorgarten

nicht aus, daß man in einem Welpenzwinger mal ein Häufchen findet. Gewarnt ist man aber, wenn die Tiere vor lauter Kothaufen nicht mehr treten können. Das gleiche gilt für die Zwinger der Zuchttiere. Sollte Sie die Zwingeranlage nicht befriedigen, dann ziehen Sie die Konsequenzen! Wer nicht genügend Zeit hat, den Zwinger sauberzuhalten, der hat auch keine Zeit für die weitere Pflege der Tiere. Wichtig ist auch zu beobachten, wie sich die anderen Hunde benehmen, die sich im Zwinger aufhalten. Sind sie ängstlich und kommen nicht auf das Rufen des Besitzers, so ist das ein Zeichen dafür, daß die Hunde nicht gut gehalten, eventuell sogar geschlagen werden. Wenn der Zwinger nicht neu ist, sollte man sich auch einmal die älteren Hunde ansehen. Sind keine vorhanden, deutet das darauf hin, daß der Besitzer die Tiere weggibt, sobald sie für die Zucht zu alt geworden sind. Solchen Züchtern geht es lediglich ums Geldverdienen. Vorsicht ist geboten: Er wird auch bei der Aufzucht der Welpen sparen, was später Folgen haben kann, nämlich Mangelerscheinungen, die den jungen Hund für Krankheiten wesentlich anfälliger werden lassen.

Leider gibt es auch Zwinger, in denen die Tiere absichtlich in einer Weise gehalten werden, die beim Kunden Mitleid erwecken soll, damit er einen Welpen kauft. Das sollte man trotzdem unterlassen! Denn man wird nicht viel Freude an dem Tier haben. Und bedenken Sie: Mit einem Kauf unterstützen Sie diesen Halter noch. Wenn er hingegen seine Tiere nicht los wird, kann er keine Geschäfte mehr machen. Wenn Sie keinen Zwinger kennen, wenden Sie sich an den Verband (Anschrift s. Seite 93). Dort können Sie sich dann nach Züchtern erkundigen. Man wird Sie dort auch beraten, falls es Differenzen zwischen Ihnen und einem Züchter geben sollte.

Durchweg wird man bei einem gut geführten Zwinger warten müssen, um einen Welpen zu bekommen. Aber das Warten lohnt sich. Die Käufer kommen auf Empfehlung, was wiederum den Züchter freut, der daraus schließt, daß sie mit den Welpen zufrieden sind.

Der Kontakt zum Züchter sollte nie abreißen; er wird Sie auch bei Erziehungs- und Krankheitsfragen gern beraten.

Unterbringung des jungen Hundes

Wir selbst kauften vor vielen Jahren unseren ersten Collie, eine Hündin. Sie hieß Comtessa von Grönauer Baum, war gelb-weiß und als wir sie bekamen, acht Wochen alt. Wir – meine Frau, meine Tochter und ich – wohnten in einem Mietshaus im zweiten Stockwerk. Die Genehmigung zur Haltung des Hundes in der Dreizimmerwohnung hatten wir. Es galt nun, für den Hund einen geeigneten Platz zu finden, an dem er sich ungestört aufhalten konnte.

Nun kann man keine Hütte in die Wohnung stellen, aber das ist auch nicht nötig. Wir haben das Problem ganz einfach gelöst: Auf dem Flur befand sich ein Besenschrank. Dessen Türen wurden ausgehängt, oben im Schrank ein paar Regale eingebaut, die einen Vorhang erhielten, und darunter ergab sich ein Quadratmeter Fläche. Diesen Platz legten wir mit einer Seegrasmatratze aus, die mit einem leicht waschbaren Stoff bezogen wurde. Unsere Comtessa nahm diesen Platz gern an. Falls man eine solche Möglichkeit nicht hat, so kann man auch auf dem Flur oder in einem Zimmer eine Ecke herrichten, die nur für den jungen Hund da ist, der dort schlafen kann, ohne Angst davor haben zu müssen, getreten zu werden.

Fellpflege

Bei einem jungen Hund ist das Ganze ziemlich einfach: Damit er sich an das Bürsten gewöhnt, nehme man eine Babybürste, damit das

Unterfell nicht beschädigt wird. Einen Kamm benutze man nur unmittelbar hinter den Ohren, damit die Haare dort nicht verfilzen. Es empfiehlt sich, an dieser Stelle den Hund einmal pro Woche zu kämmen, denn verfilztes Haar ist nur schwer wieder in Ordnung zu bringen. Wenn es doch einmal nötig wird, dann braucht man dazu eine kleine Schere und einen Kamm. Zuerst wird in Richtung des Haarwuchses vorsichtig in die Verfilzung geschnitten, dann mit dem Kamm ausgekämmt. Wenn man die ganze verfilzte Wolle herausschneidet, entsteht eine freie Stelle. Dort wird das Haar nur schwer wieder dicht.

Während der kleine Hund mit einer weichen Bürste gepflegt wird, braucht man für den älteren schon eine härtere. Aber verwenden Sie keine Drahtbürste, weil damit die Unterwolle herausgerissen würde. Das Resultat ist, daß Sie den Hund niemals in vollem Haar haben.

Der Hund braucht nicht gebadet zu werden, es sei denn, er hat sich im Schmutz gesuhlt. Das kann gelegentlich vorkommen. Zum Reinigen sollte Trockenshampoo verwendet werden, beispielsweise Euformal, das auch desinfiziert.

Wenn der Hund zu haaren beginnt, was sich an dem Ausfallen größerer Haarflocken bemerkbar macht, so entferne man das alte Haar mit Kamm und Bürste. Dann hat die neue Unterwolle genügend Platz und Luft für ihr Wachstum. Sonst genügt es, wenn der Hund einmal pro Woche gründlich durchgebürstet wird.

Spielzeug

Es ist wichtig, den neuen Hausgenossen mit Spielzeug zu versorgen. Das können ein größerer Kauknochen und Gummitiere aus ganz festem Material sein, aber keine kleinen Gegenstände, die er aus Versehen hinunterschlucken könnte. Auch alte Schuhe oder Kleidungsstücke eignen sich nicht, weil der Hund alt von neu nicht unterscheiden kann und Ihnen in Zukunft einigen Schaden zufügen würde. Hat er nicht genug zum Spielen, dann wird er sich aus lauter Langeweile etwas suchen, ohne Sie um Erlaubnis zu fragen. Es ist am besten, wenn man den Hund stets mitnehmen kann. Ist dies nicht möglich, so sperren Sie ihn in einem Raum ein, in dem er keinen Schaden anrichten kann. Geben Sie ihm aber seine Decke und sein Spielzeug mit. Junge Hunde sind sehr neugierig und unternehmungslustig; wenn sie allein gelassen werden, gehen sie auf Entdeckungsreise und probieren alles aus. Da bleibt auch der Perserteppich nicht verschont.

Internationaler Champion: Jutta vom Haus Haselweg

Haftpflichtversicherung

Um sich gegen mögliche Schadenersatzforderungen zu sichern, ist es nötig, eine Haftpflichtversicherung für den Hund abzuschließen. Ein Beispiel: Stellen Sie sich vor, Ihr Hund läuft in einem unbewachten Augenblick auf die Straße. Ein Autofahrer versucht auszuweichen und fährt gegen einen Baum. Man wird Sie verantwortlich machen, denn grundsätzlich muß der Halter für den Schaden aufkommen, den sein Hund verursacht. Sollte der Fahrer den Unfall nicht überleben oder so verletzt werden, daß er als Ernährer einer Familie ausfällt, so kann man sich wohl selbst die Konsequenzen vorstellen. Um das alles zu vermeiden, lasse man seinen Hund im Straßenverkehr nicht von der Leine und schließe auf jeden Fall zusätzlich eine Privathaftpflichtversicherung, die den Hund ausdrücklich einschließt, ab.

Erziehung des jungen Hundes

Gerade in der ersten Zeit der Erziehung kann man sehr viel falsch machen. Wenn der junge Hund auf die Möbel geht, auf Sessel oder Couch, höre ich oft den Satz: „Ach laß ihn doch, er ist ja noch so klein." Das ist falsch! Denn was er sich erst einmal angewöhnt hat, ist ihm schwer wieder abzugewöhnen. Ich empfehle stets, dem Hund drei Tage Zeit für die Eingewöhnung zu geben. Danach soll die Erziehung beginnen. Er muß anfangs den Schmerz der Trennung von Mutter und Geschwistern überwinden. Nach den ersten zwei Tagen werden Sie merken, daß sich das Tier schon freut, wenn Sie nach Hause kommen. Das ist ein Zeichen dafür, daß er sich an Sie gewöhnt hat.

Zu Anfang müssen Sie sich besonders viel Zeit für den Hund nehmen. Das fängt mit der Erziehung zur Stubenreinheit an. Als

Erziehung von klein auf muß sein, sonst . . .

Grundsatz gilt, daß dem jungen Hund bald nach dem Fressen die Möglichkeit geboten werden muß, sich zu entleeren. Ein kleiner Tip: Wenn er sich um sich selbst dreht, so ist das ein Zeichen dafür, daß er sich lösen möchte (so nennt man die Verrichtung der Notdurft). Das kann noch während der Mahlzeit passieren. Nach dem Schlafen muß er nässen. Das sollte man besonders morgens bedenken. Also nicht den Hund erst besonders lange begrüßen, sondern sofort mit ihm hinaus. Anschließend kann man mit dem Hund spielen.

Am wichtigsten ist es, den jungen Hund zu loben, wenn er seine Geschäfte draußen verrichtet hat. Andererseits soll man auch tüchtig schimpfen, wenn es auf den Teppich geht. Nur schimpfen, nicht schlagen! Auch ist es grundsätzlich falsch, den Hund mit der Nase in seine Exkremente zu drücken, was früher empfohlen wurde. Damit erreicht man nichts.

Es empfiehlt sich, am Tage im Abstand von zwei Stunden mit dem Welpen hinauszugehen. Sollte man das öfter versäumen – mit entsprechenden Folgen –, ist es zweckmäßig, einen Wecker zu stellen; wir haben dieses Hilfsmittel mit Erfolg angewandt. Abends sollte man die letzte Mahlzeit um 17 Uhr geben, damit der Hund vor dem Schlafen noch zweimal hinausgehen kann. Dies gilt nur für einen ganz jungen Hund. Sobald er sich bemerkbar macht, wenn er hinaus will, haben Sie es geschafft. Bei einem Welpen aus einem sauberen Zwinger dauert es nicht lange, bis er stubenrein ist.

Spazierengehen an der Leine

Sehr wichtig ist, daß der junge Hund lernt, an der Leine zu gehen. Legen Sie ihm in der Wohnung ein Halsband um, das man zweckmäßigerweise in einem einschlägigen Geschäft ersteht. Es braucht nicht teuer zu sein, zumal der Hund schnell wächst und bald ein größeres braucht. Nach etwa zwei bis drei Tagen wird er sich daran gewöhnt haben. Dann haken Sie für zehn Minuten die Leine an das Halsband. Er wird sich auch daran gewöhnen und nach kurzer Zeit vernünftig neben Ihnen auf dem Fußweg gehen.

Der Hund soll links neben seinem Herrn gehen. Nur beim Radfahren nimmt man ihn auf die rechte Seite. Er muß es lernen, so zu gehen, daß die Leine durchhängt. Sollte der Hund immer wieder nach vorn ziehen, so zieht man ihn kräftig zurück und gibt zugleich den Befehl „Fuß“. Ist er dann wieder an der Seite seines Herrn, so wird er gelobt:

Ein leichtes Tätscheln mit der Hand, verbunden mit einem gedehnten „Brav“. Er kann auch mit kleinen Hundekuchen gelohnt werden.

Wenn der Hund sehr stur sein sollte, oder wenn es für eine Frau zu schwer wird, das Tier immer wieder zurückzuziehen, so benutzt man bei dieser Übung kurzfristig ein Stachelhalsband. Dann wird er bald richtig gehen. Danach sollte das Stachelhalsband auch wieder verschwinden, zumal es dem langen Haarkleid schadet. Trägt der Hund ständig ein Halsband, so wird man bald feststellen, daß die Haare abbrechen oder bei einem Kettenwürger sogar ausreißen. Ist der junge Hund seinem Halsband entwachsen, beschafft man sich am besten einen Lederwürger, der über den Kopf des Hundes gestreift wird. Ein Halsband mit Schnalle läßt sich wegen der wachsenden Haarpracht immer schwieriger schließen.

Zum Spaziergang gehört auch, daß der Hund lernt, sich nicht auf dem Bürgersteig zu lösen. Dazu zieht man ihn in den Rinnstein oder – wenn man im Wald spaziert – zur rechten oder linken Seite des Weges. Sollte das einmal verpaßt worden sein, so entfernen Sie bitte die Hinterlassenschaften. Wir sind sicherlich alle schon einmal in einen Hundehaufen getreten und fanden das nicht schön.

Es gibt auch Hunde, die auf dem Spaziergang gern fremde Menschen anspringen oder beschnuppern. Auch das ist eine Unart, die man ihm schleunigst abgewöhnen sollte. Übrigens: Solange der Hund klein ist, gibt es bei der Erziehung kaum Probleme. Sollte der Hund schon älter sein, wird die Erziehung schwieriger.

Wenn die Sache mit der Leine klappt, können Sie damit beginnen, den Hund auf einem Feld- oder Wanderweg von der Leine zu lösen. Anfangs sollten Sie darauf achten, daß der Hund sich nicht weit entfernt; rufen Sie ihn immer wieder zurück. Ist er zurückgekommen, loben Sie ihn. Das wird er sich bald gemerkt haben und sich darauf freuen.

Läuft er Ihnen aber fort, dann rennen Sie besser nicht gleich hinterher, sondern gehen vielmehr in die entgegengesetzte Richtung. Er wird Ihnen dann meist, aus der Angst heraus, Sie zu verlieren, folgen. In der Zeit danach sollten Sie eine längere Leine benutzen. Es bieten sich dazu dünne, leichte, aber trotzdem sehr stabile Kunststoffleinen an. Der Hund kann sich dann weiter von Ihnen entfernen. Wenn er auf Zuruf nicht kommt, holen Sie ihn mit der Leine heran, wobei Sie ihn anschließend loben sollten. Loben ist wichtiger als Strafen und führt schnell zum Erfolg.

Sheltierüde Alf von der Kladower Oase mit seinen Colliefreunden

Bei allen Übungen gilt es die Augen offenzuhalten und auf die Umgebung zu achten. Es könnte ein streunender Hund in der Nähe sein, der Ihren jungen Hund böse zurichten kann. Bei Spaziergängen, die über Bahnschienen führen, ist Vorsicht geboten, wenn die Schranken geschlossen sind: Man darf nicht zu dicht herangehen. Der Hund, der das Geräusch des Zuges nicht kennt, kann einen gewaltigen Schrecken bekommen. Er wird diese Stelle sein Leben lang meiden. Schauen Sie sich zusammen mit dem Hund aus sicherer Entfernung den Zug an und reden Sie beruhigend auf ihn ein. So wird er sich langsam an das Geräusch gewöhnen.

Glücklicherweise sind Collies und Shelties keine Raufer. Selbst an Kläffern gehen sie erhaben vorbei. Hat man im Winter einen Spaziergang gemacht, sollte man daran denken, Streusalz von den Pfoten zu entfernen. Man wäscht sie mit lauwarmem Wasser ab.

Der junge Hund auf der Straße

Da der Welpe aus einem Zwinger kommt, kennt er die Straße und ihre Gefahren noch nicht. Darum muß man ihn sehr behutsam daran gewöhnen. Falls er nicht schon zu groß ist, um auf den Arm genommen zu werden, so wird es ihm sehr helfen, wenn er seine ersten Beobachtungen von dieser sicheren Position aus machen kann. Sobald er an die Leine gewöhnt ist und mitläuft, gewöhnen Sie ihm gleich an, daß er sich grundsätzlich vor dem Überqueren der Straße auf dem Bürgersteigrand hinsetzt und erst auf Kommando die Straße überquert. So vermeiden Sie, daß er später allein die Straßenseite wechselt, was er bei dem heutigen Verkehr wahrscheinlich nicht überleben würde.

Nicht nur der Verkehr ist für den Hund eine Gefahr, sondern alles, was an Abfall auf der Straße liegt. Es gibt junge Hunde, die alles auffressen, was sie gerade finden, oder von fremden Menschen Futter annehmen. Nicht jeder meint es gut mit Ihrem Hund, darum muß es in solchen Fällen heißen: „Nein“ oder „Aus“. Bleibt er dennoch beharrlich bei seiner Gewohnheit, so deponiert man im Freien einen Kloß Gehacktes, gefüllt mit scharfem Senf, oder läßt diesen von einem Bekannten verabreichen, den der Hund noch nicht kennt. Nach dieser schlechten Erfahrung wird er meist davon ablassen, alles aufzusammeln und zu verspeisen.

Anders ist die Situation, wenn der Hund nicht genügend zu fressen bekommt und aus diesem Grunde versucht, Nahrung zu sammeln. Das muß erwähnt werden, weil es immer noch Hundehalter gibt, die glauben, der junge Hund sei viel zu dick und müsse das Übergewicht erst einmal abhungern. Zugegeben: Es sieht manchmal danach aus. Aber ein Welpe, der gesund ist und es auch bleiben soll, muß soviel zu fressen bekommen, wie er mag. Bei erwachsenen Hunden täuscht oft das dichte Fell. Wenn der Hund einmal gründlich durchnäßt wird oder man ihn voll umfaßt, kommt man der Täuschung auf die Spur. Läßt man sich jedoch von Besserwissern beeinflussen, dann darf man sich nicht wundern, wenn der Hund auch im Hause alles Freßbare stiehlt.

Ein drastisches Beispiel dafür: Wir hatten einen jungen Collie an einen blinden Herrn verkauft. Der neue Besitzer rief einige Zeit später an: Domingo – so hieß der Hund – habe ein Hühnchen vom Tisch gestohlen und öffne alle Türen, um an etwas Eßbares zu gelangen. Wir konnten uns das nicht erklären und fuhren hin. Als der Hund uns entgegenkam, wußten wir Bescheid. Er war bis zum Skelett abgemagert. Wir kauften Domingo zurück, und zwar nicht ungern, weil der Hund anatomisch hervorragend war. In der ersten Zeit fraß er sich richtig durch und setzte Fleisch an. Als er soweit war, daß er gelegentlich Futter stehenließ, nahmen wir ihn mit in die Wohnung und versuchten, ihn zum Stehlen zu animieren. Aber Domingo rührte nichts an. Auch heute – nach über zehn Jahren mit vielen Nachkommen und beachtlichen Ausstellungserfolgen – ist Domingo ein Hund, den man gern um sich hat und auf den man sich verlassen kann. Das Beispiel zeigt, daß ein Hund auch aus Not zum „Dieb" werden kann.

Sollten Sie dennoch Schwierigkeiten haben, so kann Ihnen der Züchter sicherlich ein paar gute Ratschläge geben.

Übungen mit „Sitz" und „Platz"

Man muß nicht unbedingt auf den Übungsplatz, um einem Hund die Befehle „Sitz" und „Platz" beizubringen. Das läßt sich auch zu Hause erreichen. Und zwar so: Der Hund wird angeleint und geht an der linken Seite. Sie bleiben stehen und geben das Kommando „Sitz". Zugleich drücken Sie mit der linken Hand die Kruppe in Sitzstellung. Mit der rechten Hand halten Sie die Leine hoch, so daß der Kopf des Hundes erhoben bleibt. Jetzt wird das Tier ausgiebig gelobt. Diesen Vorgang wiederholen Sie drei- bis viermal am Tag. Ihr Hund wird es bald gelernt haben.

Beim Kommando „Platz" drückt man den ganzen Hund hinunter, lobt aber nur zu Anfang, und zwar aus folgendem Grund: Der Hund bewegt sich stets der lobenden Hand entgegen und würde deshalb immer wieder aufstehen. Was Sie ja vermeiden wollen, um ihn nicht ständig nach unten drücken zu müssen. Also nur am Anfang loben! Jede dieser Übungen sollte täglich nicht öfter als drei- bis viermal wiederholt werden, sonst verliert der Hund die Lust am Lernen.

Wenn Ihr Hund nicht schon von sich aus über einen gewissen Grad an Wachsamkeit beziehungsweise Wehrverhalten verfügt und Sie diese Eigenschaften für erstrebenswert halten, zum Beispiel weil Sie in einer einsamen Gegend wohnen, können Sie Ihren Hund entsprechend abrichten. Am besten gehen Sie dazu in einer nicht so belebten Gegend spazieren. Kommt Ihnen eine Person entgegen, so sagen Sie Ihrem Hund im Flüsterton immer wieder, daß er aufpassen soll. Der Hund lernt sehr schnell, diese Äußerung zu behalten. Er wird dann die ihm fremde Person genau beobachten. Ist die Person vorbei, lobt man den Hund.

Zehn Wochen alter Collie-Welpe

Sheltie-Hündin mit ihrem bald erwachsenen Nachwuchs

Um später allerdings nicht ein Tier zu bekommen, das übereifrig bei der Sache ist und grundlos fremde Leute anspringt, müssen Sie mit viel Fingerspitzengefühl vorgehen. Denken Sie daran, daß der Hund das Verhalten manch friedlicher Spaziergänger – auch das von Kindern – mißdeuten kann, und daß es schwierig wird, ein Fremden gegenüber zu mißtrauisch gewordenes Tier in Restaurants oder gar in die Enge öffentlicher Verkehrsmittel mitzunehmen.

Meiner Comtessa habe ich diese Übung auch beigebracht. Nach etwa einem halben Jahr ging ich eines Abends mit dem Hund spazieren. Dabei kam mir ein junges Paar entgegen, ich mußte nach rechts ausweichen und kam zu Fall. Mein Hund meinte, ich wäre angegriffen worden, und biß sofort zu. Ich griff zwar im nächsten Moment ein, aber die lange Hose der jungen Dame war hin. Ich mußte Schadenersatz leisten; auch Schmerzensgeld kann in einem solchen Fall fällig werden! Da ich den Hund damals noch nicht versichert hatte, mußte ich den Schaden selbst bezahlen, aber immerhin wußte ich nun, daß ich mich auf meinen Hund im Notfall verlassen konnte.

Auch im Haus können Sie Ihrem Hund das Aufpassen beibringen: Sobald eine fremde Person zu Ihnen an die Tür oder in die Wohnung kommt, flüstern Sie Ihrem Hund zu: „Paß schön auf." Man sollte seinen Hund bei fremdem Besuch in das Wohnzimmer mitnehmen, auch wenn er sonst dort nicht hinein darf. Denn wie sollte er Ihnen im Notfall helfen können, wenn er ausgesperrt ist?

Allgemeines Verhalten des Hundes

Hund und Katze

Ein Hund wird nie als „Verbrecher“ geboren, sondern vom Menschen dazu erzogen.

Beispiel: Ein Hundebesitzer hetzt sein Tier auf die Katze aus der Nachbarschaft, die auf sein Grundstück gelaufen ist. Anschließend lobt er den Hund noch, der die Katze verjagt hat. Der Besitzer darf sich dann nicht wundern, wenn sein Hund jeder Katze nachjagt, die er sieht; glaubt er doch, im Sinne seines Herrn zu handeln. Außerdem kann der Hund durch diese Unart noch körperlichen Schaden erleiden, denn nicht jede Katze läuft weg. Wenn sie sich wehren, wird es

Opal, bereits acht Monate alt

Gelb-weiße Hündin mit Tricolor-Welpen

gefährlich: Mancher Hund hat dabei sogar schon ein Auge einbüßen müssen oder andere Wunden davongetragen.

Es ist sicher, daß zwischen Katze und Hund natürliche Abneigung besteht; aber im eigenen Haus vertragen sie sich meist gut. Wir hatten eine kleine Katze, die bei einer Hündin gesogen hat, die gerade Welpen hatte. Hund und Katze vertrugen sich auch später bestens.

Kinder und Hunde

Oft werden wir gefragt, was man tun kann, wenn sich der Hund zwar mit dem Kind der eigenen Familie sehr gut versteht, sobald aber zum Beispiel Nachbarkinder hinzukommen, diesen gegenüber aggressiv wird und sogar zubeißt. Der Grund ist leicht erklärt. Der Hund spielt gern mit dem Kind. Kommt nun ein Spielkamerad, so wird der Hund meistens in das Spiel nicht einbezogen, oder die Kinder gehen ins Freie, ohne den Hund mitzunehmen. Der Hund ist eifersüchtig – das ist der Grund des Beißens. Kommt also ein Kind zu Ihnen, um mit dem Sohn oder der Tochter zu spielen, lenken Sie das Tier ab, bis die beiden gegangen sind. Sollten die Kinder zu Hause spielen, so erklären Sie ihnen, daß sie sich im Beisein des Hundes nicht balgen oder schlagen sollen. Wenn Ihr Kind, vielleicht nur im Spaß, in Bedrängnis kommt, so greift der Hund ein. Das geschieht aufgrund seines Beschützerinstinkts. Auch hier zeigt sich, daß es immer einen Grund gibt, wenn Ihr Hund etwas Ungewöhnliches tut.

Es kommt auch vor, daß junge Ehepaare anrufen und um Rat fragen: Es habe sich Nachwuchs angemeldet, und der Hund müßte ja nun verschwinden. Das muß nicht sein, wenn man es richtig macht. Es wäre falsch, den Hund nun auszusperren oder zurückzusetzen. Lassen Sie ihn an dem Ereignis teilhaben. Merkt der Hund, daß sich im Hause nichts verändert hat, wird er sich sehr schnell auf das Kind einstellen. Sie können kein besseres Kindermädchen finden. In einem Fall durfte keine fremde Person an den Kinderwagen. Der Hund hütete „sein" Kind, und er war stolz darauf. Bald war der Junge fünf Jahre alt und Hund und Kind gute Freunde.

Autofahren mit dem Hund

Es wird nicht ausbleiben, daß der Hund auch im Auto mitfahren muß. Er sollte dann stets hinten seinen Platz finden. Wenn der Hund das Autofahren nicht gut verträgt, was sich dadurch bemerkbar macht, daß er sich übergibt, dann gibt man dem Hund vor einer längeren Fahrt nichts zu fressen und fährt gerade in den Kurven vorsichtig, also: Vor allem nicht rasant oder stark bremsen. Auch den Hund, der das Autofahren nicht gut verträgt, sollte man immer wieder mitnehmen. So wird er sich am ehesten daran gewöhnen. Es ist wichtig, daß der Hund während der Fahrt liegt.

Animieren Sie den Hund im Wagen auch nicht zum Aufpassen. Wir haben den Fehler gemacht und erlebten prompt das Ergebnis: Jeder, der den Hund nur einmal bewundern wollte und in den Wagen schaute, wurde nicht nur verbellt, sondern obendrein biß das Tier in die Wagenverkleidung, in der somit unschöne Löcher entstanden. Die Freude über den wachsamen Hund war schnell getrübt. Abgewöhnen kann man dem Hund dieses Verhalten nur schwer. Sollte der Hund beim Autofahren sehr wild sein und im Wagen hin und her springen, muß man ihn anbinden. Sonst besteht die Gefahr, daß er einen am Fahren hindert oder gar in das Lenkrad springt, was zu Unfällen führen kann. Für Kombiwagen gibt es im Handel sehr praktische Schutzgitter, die das Umherspringen Ihres Hundes verhindern.

Im Sommer darf der Hund nicht im Wagen alleingelassen werden. Denn selbst wenn man die Fenster einen kleinen Spalt geöffnet läßt, entwickelt sich eine unerträgliche Hitze im Wagen. Das kann zu einem Hitzschlag führen. Bei längeren Fahrten sollte alle zwei Stunden eine Pause eingelegt werden. Lassen Sie den Hund dann ins Freie, nehmen Sie ihn an die Leine und machen Sie einen Spaziergang, damit der Hund nässen und sich lösen kann. Auch für ein paar Schluck Wasser wird er Ihnen dankbar sein. Zu empfehlen ist es, Wasser aus der Wohnung mitzunehmen, denn daran ist er gewöhnt. Wasser aus anderen Gegenden kann leicht zu Durchfall führen. Das ist gerade bei längeren Reisen sehr unangenehm.

Der Hund und unser Urlaub

Auch wenn wir einen Hund haben, wollen wir auf den Urlaub nicht verzichten. Das müssen wir auch nicht. Denn wenn wir darauf achten, daß der Hund stets rechtzeitig die vorgeschriebenen Impfungen erhält, kann er in viele Urlaubsländer mitgenommen werden. In Großbritannien, Norwegen, Finnland und Schweden wird allerdings eine vierwöchige Quarantäne verlangt, länger als jeder Urlaub. Selbst nach Osteuropa kann unser Hausgenosse mitfahren. Es ist ratsam, sich im Reisebüro oder der entsprechenden diplomatischen Vertretung (Konsularabteilung) nach den geltenden Bestimmungen zu erkundigen.

Vergessen Sie nicht, die Ahnentafel und den Impfpaß mitzunehmen, sie gehören zum Hund wie der Reisepaß zu uns Menschen. So bewahren Sie sich davor, an der Grenze abgewiesen zu werden. Ich rate stets dazu, den Hund mit in den Urlaub zu nehmen, notfalls auch in

Autofahren bedarf der Gewöhnung, ist aber dann sehr beliebt

wärmere Regionen. Unser Freund findet sich damit besser ab, als wenn er in einem Tierheim oder in einer Tierpension auf Sie warten muß, bis der Urlaub vorbei ist. Auch unsere beiden Rassen, der Collie und der Sheltie, verkraften eine solche Umstellung nur schwer.

Mit dem Hund in Wald und Flur

Sie werden sicher nicht nur in der Stadt mit Ihrem Hund spazierengehen, sondern auch im Wald oder auf freier Flur. Dort muß er bevorzugt an der Leine geführt werden. Leider ist das nun einmal so, und Sie können sich viel Ärger ersparen, wenn Sie sich daran halten.

Sowohl Forstbeamte als auch Jagdpächter sind befugt, wildernde Hunde zu töten. Als wildernd gelten im Zweifel Hunde, die außerhalb öffentlicher Wege und außerhalb der Einwirkung ihres Herrn angetroffen werden. Somit kann es auch unseren Collie oder Sheltie treffen, auch wenn er nur allein im Wald herumtollt, ohne Wild zu hetzen oder gar zu reißen.

 Collie, wachsam und treu

Geht man stets im gleichen Gelände spazieren, so lernt man bald die für das Revier Verantwortlichen kennen und weiß, wie man sich verhalten muß. Wir haben einen großen Wald vor unserer Tür, in dem wir seit Jahren fast täglich mit unseren Hunden unterwegs sind. Es ist natürlich nicht möglich, mit 15 Hunden an der Leine spazierenzugehen, inzwischen aber auch nicht mehr nötig. Als wir damit begannen, unsere Hunde frei laufen zu lassen, wurde stets darauf geachtet, daß sie sich nicht weit von uns entfernten und auf dem Weg blieben. Wer sich auf Abwege begab, wurde mit einem Schütteln in der Halskrause bestraft. Denn das ist der Griff, mit dem die Mutterhündin ihre Welpen straft. Heute wissen alle unsere Hunde, was sie im Wald dürfen und was nicht. Die Jungtiere lernen es von der Mutter.

Aber zurück zu den Anfangsjahren: Eines Tages kam, was kommen mußte – wir trafen auf den Förster. Da es in diesem Wald lange, gerade Wege gibt, sahen wir ihn schon von weitem. Ich muß gestehen, mir war nicht sehr wohl bei seinem Anblick. Der Versuch, die Hunde noch an die Leine zu nehmen, wäre zwecklos gewesen, es hätte zu lange gedauert. Außerdem hatte der Förster uns schon gesehen.

Es trat uns ein freundlicher junger Mann entgegen, der auf lautstarke Vorwürfe verzichtete. Ich erklärte, daß wir auf unsere Hunde aufpassen würden und daß sie nicht wildern. Der Förster entgegnete, daß er uns schon seit längerer Zeit beobachte und somit wisse, wie sich unsere Hunde im Wald benehmen. Wenn wir unsere Hunde weiterhin so erziehen, habe er keine Einwände, vorausgesetzt, alle Tiere seien gegen Tollwut geimpft. Weil das bei unseren Hunden der Fall war, trennten wir uns im besten Einvernehmen.

Wir sehen leider auch Leute, die mit ihren Hunden durch das Gehölz streifen und sie laut bellend herumlaufen lassen. Ich glaube, daß man es schon verstehen kann, wenn der Förster darüber nicht begeistert ist und die Besitzer auffordert, die Hunde anzuleinen. Ein Tip dazu: Es gibt Leinen, die sehr lang sind und sich auf einer Rolle aufspulen lassen. An dieser langen Leine hat der Hund genügend Auslauf, aber er bleibt immer mit uns verbunden.

Der Hund auf dem Übungsplatz

Für Hundebesitzer, die nicht an Ausstellungen interessiert sind, gibt es Hundesport- beziehungsweise Gebrauchshund-Vereine. Sie bieten die Möglichkeit, seinen Hund unter Anleitung von fachkundigen Ausbildern zum Gebrauchshund oder zum verkehrssicheren Begleithund abzurichten. Ich habe in einem solchen Verein mitgearbeitet.

Als unsere Comtessa neun Monate alt war, besuchte ich an mehreren Sonntagen die Plätze einiger Vereine, um mir den Ausbildungsbetrieb anzusehen. Man wird nicht in jedem Verein mit einem Collie aufgenommen. Der Grund: Ein Collie – so wird gesagt – sei doch nicht für die Abrichtung zum Schutzhund geeignet. Dies stimmt nur teilweise. Der Collie ist kein anerkannter Schutzhund, er braucht aber den Wettbewerb nicht zu scheuen. Und der Sheltie kann sehr wohl eine Prüfung als verkehrssicherer Begleithund ablegen.

Collies überwanden auch die früher gebräuchliche Steilwand (heute ist diese zur Schonung der Bänder und Gelenke abgeschrägt)

Weil der Verein die Hunde nicht gegen Bezahlung ausbildet, empfiehlt es sich, Mitglied zu werden. Doch sehen Sie sich zunächst einmal in einigen Vereinen um. Beobachten Sie auch, wie mit den Hunden umgegangen wird, in deren Gesellschaft Sie manchen Sonntagvormittag verbringen wollen. Es ist zweckmäßig, sich das Treiben auf dem Platz von außerhalb her anzusehen.

Haben Sie sich für einen Verein entschieden, so ist es vorteilhaft, sich die einzelnen Hundeführer anzusehen und zu beobachten, wie sie mit ihren Hunden umgehen. Suchen Sie sich bei der Gruppenarbeit Nebenmänner aus, die ruhig mit ihrem Tier arbeiten. Sehr wichtig für Ihren Hund ist eine ruhige Atmosphäre. Ich habe bemerkt, daß die Kommandos laut gegeben werden. Es handelt sich zwar um Kommandos, doch Lautstärke ist bei Collie oder Sheltie nicht erforderlich. Nach dem dritten Übungstag wurde auch ich vom Abrichtewart aufgefordert, die Kommandos lauter zu geben. Weil er ja der Lehrer war, fügte ich mich der Anweisung, mit dem Erfolg, daß Tessa mich jedesmal ängstlich ansah. Schließlich wurde sie sonst nicht angeschrien. Entsprechend war ihre Leistung. Sie tat alles nur aus Angst und nicht aus Freude. Doch die Freude ist für diese Arbeit nun einmal wichtig.

In einer Unterredung gestand mir der Abrichtewart zu, die Lautstärke so zu wählen, wie ich es für richtig hielt. Als Tessa die Kommandos wieder in gewohnter Lautstärke hörte, bekam sie Freude an der Arbeit.

Sehr gut war sie auf der Fährte, auch in der Ringhetze hatte sie viel Spaß. Nur das Apportieren gefiel ihr nicht, bei dem ein Holz verwendet wurde, das eigens für diese Übung angefertigt ist. Es hat die Form einer Achse mit zwei Rädern, besteht aber aus einem Stück. Weil das Mittelstück nicht flach auf dem Boden liegt, kann der Hund es leicht aufnehmen. Nach einigen Tagen Übung hatte Tessa auch dies begriffen. In einem halben Jahr Arbeit hat sie viel gelernt. Sie hatte ihre Ausbildung genauso gut wie alle anderen Gebrauchshunde absolviert.

Sollte man sich vornehmen, Schutzhundprüfungen mit dem Hund abzulegen, so ist es ratsam, sich einen Rüden anzuschaffen. Er ist meist robuster und kräftiger und wird den Anforderungen besser gerecht. Man denke an die 1,80 m hohe Schrägwand, die das Tier überwinden muß. Außerdem haben Sie mit einem Rüden keine Ausfallzeiten wie bei einer Hündin in der Zeit ihrer Hitze (Läufigkeit). In dieser Zeit darf eine Hündin nicht auf den Übungsplatz, weil alle anderen Rüden auf dem Platz nur noch an Ihrer Hündin interessiert wären und nicht mehr arbeiten würden. Aus sportlicher Rücksicht müssen Sie während der Hitze zu Hause bleiben. Das dauert zunächst bis zu vier Wochen. Anschließend müssen Sie weitere 14 Tage verstreichen lassen, weil die Rüden den Duft immer noch riechen können. Es tritt somit eine lange Arbeitspause für das Tier ein. Viele Übungen, die der Hund schon beherrschte, müssen wiederholt werden.

Es gibt bei der Ausbildung zwei Möglichkeiten: Man läßt den Hund von einem Abrichtewart abrichten oder geht, wie eben geschildert, selbst auf den Übungsplatz. Ich möchte von der ersten Möglichkeit abraten, denn was nützt mir der Hund, wenn er seine Ausbildung absolviert hat und klüger ist als ich? Die Hundeschule mag für Rassen gut sein, die schwer zu leiten sind. Einem Collie oder Sheltie kann sie schaden, wenn der Wille des Hundes durch Härte gebrochen wird und am Ende nur noch ein willenloses Wesen übrigbleibt.

Ein Hund ist nicht immer schon gut, wenn er bei der »Mannarbeit« beißt. Es gibt auch Angstbeißer. Sie beißen nur, wenn sie in die Enge getrieben werden, sonst laufen sie fort und scheinen nur darauf aus zu sein, die Situation unbeschadet zu überstehen.

Was heißt „Ausstellung"?

Beim Kauf eines Welpen besteht in der Regel nur der Wunsch, einen Hund für Haus und Garten zu haben, wobei man noch nicht an das Ausstellen denkt. Das holt man erst nach, wenn man auf der Straße angesprochen wird und von anderen hört, was für ein schönes Tier man hat. Auch wird ein Hundebesitzer, der noch Kontakt zum Heimatzwinger seines Collies oder Shelties hat, bei Besuchen erfahren, welche Ausstellungserfolge die Hunde des Zwingers hatten. Das ermuntert ihn dann, selbst mitzumachen.

Ist man in den Club eingetreten, kann man seinen Hund zum Clubabend mitbringen und den Vorsitzenden fragen, was er von dem Tier hält und wie man es am besten auf eine Ausstellung vorbereitet. Er wird den Neuling sicher gut beraten; er ist zwar kein Richter, hat aber schon Ausstellungserfahrungen und weiß, welche Anforderungen an den Hund gestellt werden. Wenn Sie nicht die Möglichkeit haben,

Vorführung im Ring

direkt vom Fachmann eine Beurteilung zu erhalten, dann lesen Sie am besten die Beschreibung des Standards noch einmal durch und vergleichen Ihren Hund damit. Ich kann Ihnen versichern, daß Ausstellungen sehr viel Spaß machen.

Es ist ein Vorteil, wenn Sie so früh wie möglich mit dem Ausstellen anfangen, denn um so besser gewöhnt sich das Tier an den Trubel und wird nicht nervös. In der Zeitschrift „Unser Rassehund" finden Sie die Ausstellungstermine für das ganze Jahr.

Sie können allerdings nicht einfach losfahren und auf einer Ausstellung erklären, daß Sie Ihren Hund dort präsentieren möchten. Das Verfahren ist komplizierter. Wenn Sie sich den Terminplan ansehen, finden Sie hinter jedem Termin eine Adresse, die Sie anschreiben können, um die Meldepapiere anzufordern. Daß muß sechs bis acht Wochen vorher geschehen, weil meist schon vier Wochen vor dem Termin Meldeschluß ist. Die Fristen sind ebenfalls angegeben.

Viele Hundebesitzer haben deshalb Bedenken, weil sie sich sagen: „Mein Hund kann ja noch gar nichts." Das ist völlig unnötig: Sie

Drei Generationen stellen sich vor: Großvater Tesoro Zhirago . . .

. . . Vater Beech . . .,

. . . Sohn Opal

machen mit Ihrem Hund keine Leistungsprüfung, sondern wollen seine Schönheit zur Schau stellen. Dafür genügt es, daß der Hund ruhig an der Leine geht und auch mal ein paar Minuten still steht. Üben Sie zu Hause, den Fang zu öffnen, denn das wird auf der Ausstellung verlangt, weil der Richter auch die Zähne beurteilen muß. Beschaffen Sie sich auch eine dünne Vorführleine in einem Fachgeschäft für Hundeartikel. Diese Leine hat den Vorteil, daß sie in der Halswolle verschwindet, anstatt sie herunterzudrücken, so daß man das Haar schön aufkämmen kann.

Dann sollte man darauf achten, daß der Hund an den Hinterläufen, und zwar nur an den Hinterläufen, von den Pfoten bis zum Sprunggelenk nicht zu lange Haare hat. Wenn die Haare zu lang werden, sieht das Bein zu plump und ungepflegt aus. Das kann zur Folge haben, daß der Richter daran Anstoß nimmt und ihn als „sehr ungepflegt“ beurteilt. Die Haare lassen sich leicht mit einer Schere kürzen.

Wie Sie aus dem Standard wissen, darf nur das obere Drittel des Ohres kippen. Neigt der Hund zum Stehohr, dann kann man im ersten Lebensjahr durch Einkleben von Kaugummi ins obere Drittel des Ohres diesen Schaden vielleicht beheben. Bei einer Ausstellung muß das Kaugummi restlos entfernt werden. Auch darf das Ohr nicht operativ zum Kippen gebracht werden. Das kontrolliert der Richter. Keinesfalls sollte man den Hund vor der Ausstellung baden. Dadurch würde das Fell weich werden. Genau dies ist aber nicht erwünscht, vielmehr soll sich das Deckhaar hart anfühlen.

Vergessen Sie auch nicht, das Meldegeld vorher zu entrichten, sonst kann es Ihnen wiederfahren, daß Sie nicht in die Ausstellungshalle gelassen werden. Die Höhe des Betrages ist auf der Einladung oder auf dem Meldeschein vermerkt. Am Tag der Ausstellung benötigen Sie Kamm, Bürste, eine Unterlage für den Hund, eine Decke, die Vorführleine, einen Wassernapf, Wasser für den Hund und einen Klappstuhl. Wenn die Ausstellung im Freien stattfindet, denken Sie auch an Regenbekleidung. Wird die Ausstellung in einer Halle abgehalten, ist zu bedenken, daß man pünktlich eintreffen muß, aber erst gegen Abend – etwa 17 Uhr – die Halle verlassen kann. Fahren Sie also früh genug ab, so daß Sie noch vor dem Einlaß eine halbe Stunde Zeit haben, damit sich der Hund in Ruhe lösen kann. Später werden Sie und Ihr Hund kaum Zeit für einen Gang ins Freie haben. Auch sollte man es vermeiden, dies zu tun, wenn die Masse der Aussteller und Besucher in die Halle strömt.

Weil jeder Hund vom Amtstierarzt untersucht wird, kommt es zu Staus. Die Gefahr besteht, daß die Hunde untereinander aggressiv werden und sich sogar beißen. Erlebt Ihr junger Hund einen solchen Angriff, so wird er verängstigt. Er vergißt den Schreck sein Leben lang nicht und wird stets Angst vor dem Gedränge haben. Das kann man vermeiden, indem man wartet, bis der Ansturm vorüber ist. Hat man schließlich die Halle betreten, sucht man sich seine Box und leint den Hund dort an. Im Katalog ist der Ring vermerkt, vor dem man antreten muß. Bei internationalen Ausstellungen ist auch in Ihrer Box ein Zeitplan ausgelegt.

Daraus können Sie genau ersehen, wann Sie mit Ihrem Hund an der Reihe sind. Die angegebene Zeit wird nur ungefähr eingehalten, so daß es zweckmäßig ist, sich öfter zu vergewissern, welche Klasse gerade gerichtet wird. Grundsätzlich gilt: Lieber eine halbe Stunde zu früh am Ring als zu spät. Ahnentafel und Impfpaß müssen immer mitgeführt werden, um sie auf Verlangen vorzeigen zu können. Ohne diese Papiere haben Sie den weiten Weg zur Ausstellung umsonst gemacht, weil man Sie sofort wieder nach Hause schickt.

Am Ausstellungstag wird, wenn überhaupt, erst dann gefüttert, wenn der Hund gerichtet ist. Oft lösen sich die Hunde während der Vorführung, was einen schlechten Eindruck macht – schlecht für den Besitzer, nicht für den Hund, denn der kann ja nichts dafür.

Kritik am Richterurteil gibt es nicht; man hat es zu akzeptieren. Ich weiß aus eigener Erfahrung, daß es nicht immer leicht ist, kritiklos aus dem Ring zu gehen, aber es wird verlangt. Hält der Aussteller sich nicht daran, kann in drastischen Fällen eine Ausstellungssperre verhängt werden.

Sollten Sie das Gefühl haben, Ihr Hund wurde bei der Ausstellung nicht richtig beurteilt, dann verlieren Sie nicht gleich den Mut; auf einer anderen Ausstellung kann er erfolgreich sein. Und das, was Sie an Ihrem Hund so lieben, seine Eigenart und sein Verhalten, will und kann ein Richter nicht beurteilen. Er sieht in erster Linie den Körperbau und das Benehmen im Ring. Ist man mit dem Urteil zufrieden oder hat sogar einen Sieg errungen, so kann beim nächsten Mal die Enttäuschung folgen. Fahren Sie also nie siegessicher zu einer Ausstellung. Sie können dann weniger enttäuscht werden. Lassen Sie sich einfach überraschen. Wer mehr über das Ausstellungswesen erfahren möchte, kann sich in dem Buch von Dr. Peter Beyersdorf „Dein Hund auf Ausstellungen“ weiter informieren.

Züchten mit dem Collie oder Sheltie

Als Besitzer einer schönen Hündin, die schon Ausstellungserfolge errungen hat, werden Sie vielleicht auf den Gedanken kommen, züchten zu wollen. Dann sollten Sie sich zunächst überlegen, ob alle Voraussetzungen gegeben sind. So ist zu fragen, ob man überhaupt die Zeit für das Großziehen der Welpen hat. Ist man berufstätig, so kann man den Gedanken verwerfen, weil das Muttertier und die Welpen sehr viel Pflege brauchen. Auch muß man über ein Freigelände verfügen, auf dem man eine Zuchtanlage errichten kann. Denn in einer Wohnung ist die Zucht nicht zu bewerkstelligen. Nur beim Sheltie mag

 Mia von der Hutzelschweiz mit ihren sechs Wochen alten Welpen

sie unter Umständen genügen, weil er nicht groß und die Wurfstärke geringer als beim Collie ist.

Wir hören oft von Besitzern, die eine Hündin halten, sie müsse irgendwann einen Wurf machen, damit sie keine Gebärmutterentzündung bekommt. Dies ist falsch! Um der Gesundheit willen brauchen Hündinnen nicht zu werfen.

Leider wird oft eine Hundezucht deswegen begonnen, weil die Besitzer meinen, damit ließe sich schnell Geld verdienen. Auch das stimmt nicht. Es ist nicht damit getan, die Hündin belegen zu lassen. Sie muß zusätzlich gefüttert werden, genau wie die Welpen, wenn sie erst einmal da sind. An Kosten kommt hinzu, daß die Jungtiere die erste Impfung im Zwinger erhalten. Gewinn kann man damit nicht erzielen. Hinzu kommt, daß man überhaupt nicht oder nur selten Urlaub machen kann. Es mag ein schönes Hobby sein, aber wer hat schon Tag für Tag Lust zu einem Hobby? Man muß bei jedem Wetter für die Hunde da sein, auch wenn man Probleme mit der Gesundheit hat.

Sollten Sie sich dennoch für eine Zucht entschieden haben, so möchte ich Ihnen einige Tips geben:

Körung des Hundes

Was heißt Körung? Der Hund muß für die Zucht zugelassen werden. Er muß zunächst ausgestellt werden, und mit dem Bewertungsurteil geht man dann zum Körmeister. Dieser muß in der Bundesrepublik Deutschland die deutsche Staatsangehörigkeit besitzen und sich über längere Zeit als Richter auf Ausstellungen bewährt haben, um dieses Amt ausüben zu dürfen.

Beim Kören gibt es Unterschiede. Handelt es sich um eine schöne Hündin ohne Fehler, im besten Haarkleid vorgeführt, so wird sie angekört. Weist sie aber einige gravierende Fehler auf, so wird ihr nur die Zuchttauglichkeit zugesprochen. Das Ankören wird mit grünen Papieren, die Bestätigung der Zuchttauglichkeit mit weißen Papieren bescheinigt. Bei einem Rüden ist das anders: Die Zuchttauglichkeit gibt es nicht. Der Hund muß fehlerfrei sein, weil er wesentlich öfter zur Zucht herangezogen wird und somit seine Erbmasse öfter weitergibt als eine Hündin. Der Hund muß bei der Körung zwölf Monate alt sein. Er wird also nur dann zur Körung gebracht, wenn er in bester Kondition ist.

Viereinhalb Wochen alte Shelties bei der Mahlzeit. Im Hintergrund das Lager nach einer Spielstunde

Sollten Sie im Club bis jetzt nicht Mitglied sein, so empfiehlt es sich, das vor der Körung nachzuholen, denn sonst müssen Sie für jede Leistung des Clubs mehr Gebühr als die Mitglieder bezahlen. Da auch diese Gebühren ständig steigen, lassen sich hier keine genauen Angaben machen.

Zwingername

Bevor Ihre Hündin das erste Mal wirft, sollten Sie endgültig dem Club beigetreten sein, und Sie müssen einen Zwingernamen beantragt haben. Unsere Hunde heißen zum Beispiel alle „von Moorgarten". Die Vornamen des ersten Wurfes beginnen in einem neuen Zwinger immer mit dem Buchstaben A, die Namen der Welpen des folgenden Wurfes mit dem jeweils nächsten Buchstaben des Alphabets, unabhängig von den Muttertieren. Besitzt man nur einen Rüden, der aber von anderen Zwingern als Deckrüde angefordert wird, so braucht man keinen Zwingernamen, weil der Rüde seinen Namen aus dem Heimatzwinger mitbringt. Geben Sie beim Antrag immer drei Namen Ihrer Wahl an. Im Zuchtbuchamt wird dann geprüft, ob einer dieser Namen noch frei ist. Wurde ein von Ihnen ausgesuchter Name schon einmal registriert, dann können Sie ihn nicht mehr bekommen, weil jeder Name nur einmal herausgegeben wird. Die Adresse des Zuchtbuchamtes finden Sie unter „Anschriften, die man kennen sollte", Seite 93.

Unterbringung der Zuchthündin

War die Hündin bis jetzt in der Wohnung, so wird es Zeit, daß Sie sich Gedanken machen, wie und wo die Hündin mit den erwünschten Welpen untergebracht wird. Es empfiehlt sich, für den Collie eine Außenanlage zu bauen. Bemessen Sie die Hütte und den Auslauf nicht zu klein, denn die Welpen werden täglich größer, und es können bis zu zehn Tiere sein, die untergebracht werden wollen und mindestens acht Wochen bei Ihnen bleiben, denn eher darf man die Welpen nicht verkaufen.

Hundehütte oder Hundehaus

Sollten Sie sich für eine Hundehütte entscheiden, so stellen Sie diese am besten auf Steine, damit die Luft darunter zirkulieren kann und eventuelle Fäulnis vermieden wird. Als Bodenbelag eignen sich Styroporplatten, die mit Kunststoff-Folie oder starkem Linoleum abgedeckt werden. Die Nahtstellen werden mit Latten befestigt. Linoleum ist bestens geeignet, weil man darauf gut wischen kann, was in einem Jungtierhaus sehr oft erforderlich ist.

Holz als Fußbodenbelag ist nicht geeignet, weil Urin und eventuell dünner Kot in die Fugen dringen, was nach einiger Zeit stark riechen würde. Das Aufwischen wird zum Problem, weil man mit Wasser sparsam umgehen muß, da sich die Bretter sonst ausdehnen. In den Fugen können sich Parasiten festsetzen. Das ist gesundheitsgefährdend für die Tiere. Wichtig ist auch, daß man für ausreichende Lüftung sorgt.

Wenn Sie ein Hundehaus vorziehen, so denken Sie daran, die Decken so hoch zu legen, daß Sie im Haus aufrecht stehen können. Vergessen Sie nicht, Steckdosen für die Infrarotstrahler einzuplanen. Ein Infrarotstrahler wird gebraucht, solange die Welpen noch klein sind. Auch einige Lampen sollten installiert werden, denn im Winter haben wir weniger Tageslicht, um die Welpen richtig pflegen zu können, und darum benötigen wir ausreichende Beleuchtung.

Wenn Sie die Absicht haben, mehrere Hunde zu halten, so empfehle ich, gleich ein großes Hundehaus mit drei oder vier Boxen zu bauen. Bei vier Boxen sollte das Haus acht bis zehn Meter lang sein und eine Tiefe von drei bis vier Metern haben. So können Sie den Innenraum viermal unterteilen, wenn es erforderlich wird. Gleich die richtige Größe zu wählen, ist meist billiger, als später anzubauen.

Als Baumaterial verwende man möglichst Holz. Es ist nicht so kalt wie ein Steinhaus. Alle Wände müssen doppelt ausgeführt werden, mit einer Isolierschicht dazwischen (Glaswolle oder Styropor). Als Innenverkleidung kann man Hartfaserplatten verwenden. Es empfiehlt sich aber, die Fugen mit einer Leiste abzudecken, da die Hunde an diesen Stellen gern knabbern. Haben sie damit erst einmal begonnen, so ist der Schaden bald groß. Auch das Dach muß isoliert werden, sonst wird im Sommer die Hitze im Inneren des Hauses zu stark, und im Winter brauchen Sie zuviel Energie, um das Haus für die Welpen warm genug zu halten. Das gleiche gilt für den Fußboden.

Weil der Innenraum in einem Hundehaus so groß ist, daß der Hund ihn im Winter nicht mit seiner Körperwärme temperieren kann, sollte man in der hinteren Ecke noch zusätzlich einen Raum in der Größe $1 \times 1{,}2$ Meter mit einem hochklappbaren Dach abtrennen. Als Material bieten sich Spanplatten an.

Der Auslauf muß mindestens 10 Quadratmeter groß sein. Als Untergrund nehme man Beton oder Betonplatten. Kies eignet sich nicht, weil der Urin einsickert und der Kot untergewühlt wird. Das riecht bei Erwärmung der Erde recht unangenehm. Besser ist es auch, wenn Sie das Hundehausdach weit über den Auslauf hinausragen lassen. So haben die Tiere einen Schutz vor Sonne, Regen und Schnee. Da die Hunde gern vor ihrem Haus liegen, ist es für sie angenehm, wenn man einen Liegeplatz schafft. Der Untergrund kann aus Holz sein. Liegt der Hund immer auf Steinen, kann er leicht Rheuma bekommen.

Beim Sheltie können die angegebenen Maße etwas unterschritten werden; der Unterschlupf sollte nicht größer als ein Quadratmeter sein. Sollen die Geburt und die ersten Wochen der Aufzucht in der Wohnung stattfinden, benötigen Sie eine entsprechend große Wurfkiste. Deren Wände sollten etwa 40 Millimeter dick sein. An einer Seite läßt man eine Öffnung, damit der kleine Hund nicht immer über die

Viereinhalb Wochen alte Sheltiewelpen

Wand springen muß, wenn er in die Kiste will. Eine tragende Hündin schafft diesen Sprung nicht. Die Kiste stellt man in einen beheizten Raum, legt eine mit Stoff überzogene Matratze aus Seegras oder Schaumstoff hinein, hängt einen Infrarotstrahler darüber – und schon ist alles für die Geburt vorbereitet. Der Infrarotstrahler ist wichtig, auch in einem beheizten Raum. Die Welpen trocknen schneller und müssen in den ersten vier bis fünf Tagen nicht frieren. Sie brauchen sehr viel Wärme. Wird dies nicht berücksichtigt, können die Welpen krank werden.

Der Deckakt

Wenn wir alle diese Vorbereitungen durchdacht und genau geplant haben, können wir unsere Hündin belegen (decken) lassen. Vorher kommt es darauf an, sich den richtigen Zuchtpartner zu suchen.

Sollte Ihre Hündin irgendeinen Fehler haben, sei es ein zu starkes Kippohr oder ein zu offenes Auge, so suchen Sie sich einen Rüden, der diese Schönheitsfehler nicht hat. Das ist anzuraten, da sonst diese Fehler bei Ihren Welpen wieder auftreten werden. Darum sollte man auch den weitesten Weg zum Deckrüden nicht scheuen, wenn man wirklich schöne Welpen haben möchte und nicht als „Vermehrer" gelten will. In der Regel wird eine Hündin mit neun Monaten das erste Mal läufig. Sie ist aber nicht krank, wenn die Läufigkeit früher oder später einsetzt; das hängt ab von ihrer Entwicklung. Manche Hündinnen werden nur einmal im Jahr läufig. Die Regel ist aber, daß sie im Abstand von einem halben Jahr läufig werden.

Beabsichtigt man, die Hündin belegen zu lassen, so muß man aufpassen, daß man den ersten Tag der Läufigkeit erkennt; es ist der Tag, an dem sich rötlich gefärbter Ausfluß zeigt. Von nun an sollte man rechnen: In der Regel läßt sich die Hündin zwischen dem 11. und dem 14. Tag belegen. Ist der Ausfluß am 11. Tag noch ziemlich dunkel, so wartet man lieber noch einen Tag. Es versteht sich, daß man sich vorher bei dem Rüdenbesitzer anmeldet. Bei größeren Entfernungen ist es zu empfehlen, einen Tag länger einzuplanen, denn es klappt nicht immer gleich am ersten Tag. Manche Hündinnen sind aufgeregt von der langen Fahrt oder brauchen eine längere Zeit, um sich mit dem Rüden anzufreunden. Ich habe es schon erlebt, daß meine Hündin den von mir ausgesuchten Rüden ablehnte. Sie zeigte das durch Wegbeißen. Das läßt sich nicht jeder Rüde gefallen, er gibt nach dem zweiten oder dritten Versuch auf. Dann ist jede weitere Mühe vergebens. Nur selten klappt es doch noch, wenn man die beiden Tiere für Stunden trennt und sie dann noch einmal zusammenführt.

Es kann durchaus vorkommen, daß eine Hündin während der Hitze in einem unbewachten Augenblick wegläuft, um sich einen fremden Rüden zu suchen, der auch einer anderen Rasse angehören kann. Das ist zwar ärgerlich, aber man muß diesen ungewollten Wurf nicht hinnehmen. Sie können am dritten Tag danach zu einem Tierarzt gehen. Die Hündin bekommt dann eine Spritze, und der Schaden ist behoben. Die Hitze beginnt zwar wieder von vorn, aber das ist das kleinere Übel.

Ernährung der Hündin während der Trächtigkeit

Während der Trächtigkeit sollte die Hündin zusätzlich gefüttert werden. Nicht die Menge sollte gesteigert werden, sondern die Qualität. Zugaben von Kalk und Vitaminen sind für eine gesunde Entwicklung der ungeborenen Welpen (Föten genannt) wichtig. Auch Bewegung an der frischen Luft ist nötig. Zwar sollten die Spaziergänge in den letzten 14 Tagen nicht mehr so lang sein, dafür aber öfter stattfinden. Auch das Spielen mit Kindern sollte eingeschränkt werden.

Impfungen, die zu diesem Zeitpunkt an der Reihe sind, sollten Sie in den ersten 14 Tagen erledigen, danach möglichst nicht.

Mutter und Tochter

Der Wurftag

Die Tragezeit der Hündin beträgt 63 Tage. Ein großer Wurf kann aber auch schon ein bis zwei Tage eher kommen, während sich ein kleiner Wurf um ein bis zwei Tage verspäten kann. Etwa zwei Wochen vorher richten wir ihr das Wurflager her, damit die Hündin sich daran gewöhnen kann. Es ist angebracht, den Boden mit Seegrasmatratzen oder Schaumstoff auszulegen. Den Schaumstoff bitte unbedingt beziehen, weil die Hündin ihn sonst mit den Krallen zerrupft. Legen Sie dann eine Wolldecke darüber; sie saugt das Geburtswasser sehr gut auf. Darüber kommt noch ein Laken; abgelegte Bettlaken eignen sich besonders gut. Auch der Infrarotstrahler sollte installiert sein. Nun können wir in Ruhe dem Ereignis entgegensehen. Fünf Tage vorher beginnen wir, die Temperatur der Hündin zu messen. Die Normaltemperatur beträgt 38,5 Grad. Mißt man dreimal täglich, so weiß man genau, welche Temperatur die Hündin hat. Sinkt die Temperatur auf 37,5 Grad, so kann man davon ausgehen, daß der Wurf in 24 Stunden fällt. Auch das Verweigern von Futter ist ein sicheres Anzeichen dafür, daß die Geburt nicht mehr fern ist. Doch am sichersten ist das Temperaturmessen.

Wenn sich der Wurf angekündigt hat, sollten Sie die Hündin nicht mehr allein lassen. Auch darf aus dem Ereignis keine Sensation für die Nachbarschaft werden. Das würde die Hündin nur unnötig beunruhigen. Nur die engsten Familienmitglieder können dabeisein. Am besten ist es aber, wenn nur die unmittelbare Bezugsperson beim Hund bleibt.

Verliert die Hündin Fruchtwasser, dann folgt bald der erste Welpe. Kommt der Welpe noch in der Fruchtblase, und versorgt ihn die Hündin nicht selbst, so öffnen Sie diese und befreien den Kopf von der Fruchtblase, damit der Welpe atmen kann. Säubern Sie mit den Fingern den Fang und trennen Sie dann die Nabelschnur möglichst lang ab. Danach bekommt die Hündin den Welpen.

Sie wird ihn nun trockenlecken, wodurch zugleich sein Kreislauf angeregt wird, und auch die Nabelschnur auf die richtige Länge abbeißen. Tut sie auch das nicht von sich aus, so müssen Sie den Welpen mit einem Frottiertuch kräftig abrubbeln und die inzwischen blutleere, also weiß erscheinende Nabelschnur, mit einer Schere ungefähr zwei bis drei Zentimeter vom Bauch entfernt durchtrennen.

Es kann eine halbe Stunde dauern, bis der nächste Welpe da ist. Der ganze Geburtsvorgang kann bis zu 24 Stunden dauern. Zwischendurch sollte der Hündin frisches Wasser gereicht werden. Verhindern Sie es nicht, daß die Hündin die Nachgeburt auffrißt, denn die darin enthaltenen Hormone lösen den Milchfluß aus.

Jedem noch unerfahrenen Hundehalter sei geraten, besonders bei seinem ersten Wurf einen erfahrenen Züchter um seine Anwesenheit oder zumindest seine Erreichbarkeit zu bitten, und zudem sollte für den Notfall auch immer ein Tierarzt hinzugezogen werden können.

Fütterung der Hündin nach dem Werfen

Es ist normal, daß die Hündin am Wurftag nichts frißt, manchmal auch am Tage danach noch nicht. Dann aber sollte sie beginnen, wieder Futter zu sich zu nehmen. Die Kost sollte in den ersten Tagen leicht sein, zum Beispiel Matzinger Hundeflocken mit „Welpi lac“, die man in Hundefachgeschäften kaufen kann, und zwar am besten vor dem Wurftag. Sollte die Hündin keine Milch haben, so hilft man sich mit „Welpi lac“, das entsprechend des Beipackzettels aufgelöst wird. Mit Hilfe einer Hundesaugflasche kann man die Welpen großziehen. Der Mutter kann man während der Saugzeit „Welpi lac“ in das Futter mischen, aber nur soviel, daß die Hündin keinen Durchfall davon

Sheltie Antara von der Raubkammer

bekommt. Unmittelbar nach dem Wurf ist der Kot ohnehin etwas dünn. Wenn die Hündin wieder normal frißt, braucht sie dreimal täglich eine kräftige Mahlzeit, denn in der Saugzeit werden große Ansprüche an sie gestellt. Man kann ihr dazu verhelfen, daß sie bis zu acht Wochen Milch hat. Das ist sehr vorteilhaft für die Welpen.

Nach dem Werfen ist es besonders wichtig, die Hündin genau zu beobachten. Verweigert sie das Futter und ist apathisch, so muß die Temperatur gemessen werden. Bei Fieber über 39 Grad ist es unumgänglich, einen Tierarzt zu Rate zu ziehen. Es kommt auch vor, daß die Nachblutung nicht zum Stillstand kommt oder das Gesäuge verhärtet ist. Dann kann nur der Tierarzt helfen.

Wurfstärke

Beim Sheltie ist es schon beachtlich, wenn vier bis fünf Welpen kommen, beim Collie aber fallen nicht selten acht bis zehn Welpen. Das Ideale sind allerdings sechs Welpen. Diese sechs kann eine Hündin

Sanzerau-Blue mit ihren einen Tag alten Welpen

allein großziehen. Dabei kann auch der Anfänger nichts falsch machen. Sind es aber mehr als sechs, muß man vom dritten Tag an mit der Flasche zufüttern, wenn man keine natürliche Amme hat. Dann heißt es im Abstand von zwei Stunden alle Welpen zusätzlich mit der Flasche zu versorgen.

Das ist natürlich eine große Belastung, weil man auch in der Nacht nicht aussetzen darf. Lassen Sie auf jeden Fall alle Welpen bei der Mutter, damit sie den Kontakt zu ihr behalten. Das ist für die Entwicklung der Kleinen sehr wichtig.

Wurfabnahme

Sobald der Wurf da ist, müssen Sie den Zuchtwart Ihrer Landesgruppe benachrichtigen. Er kommt und nimmt den Wurf ab. Das heißt, er füllt nach Besichtigung des Wurfes und der Hündin einen Wurfmeldeschein aus. Darin werden die Unterbringung, die Anzahl der Welpen und der Zustand der Mutterhündin erwähnt. Diesen Wurfmeldeschein, den

Deckschein, die Ahnentafel und – nicht vergessen – die Mitgliedskarte müssen Sie zum Zuchtbuchamt schicken, dort werden dann die Ahnentafeln für Ihre Welpen ausgestellt. Hat die Hündin mehr als sieben Welpen großgezogen, so erhält sie ein Jahr Zuchtsperre. Es ist ohnehin vorgeschrieben, nach zwei Würfen hintereinander ein Jahr lang auszusetzen. Auch darf die Hündin erst in der zweiten Hitze gedeckt werden.

Fütterung der Welpen

Am neunten Tag sollten die Welpen die Augen öffnen. Es kommt aber vor, daß sie es erst am elften oder zwölften Tag tun. Das ist ohne Bedeutung. In der dritten Woche muß man mit dem Zufüttern beginnen, anfangs dreimal täglich, und wenn die Welpen das begriffen haben, füttert man fünfmal am Tag. Anfangs gibt man nur „Welpi lac“, einige Tage später mischt man Matzinger Hundeflocken darunter.

In der vierten Woche können Sie schon Fleisch geben, das zuvor fein mit dem Fleischwolf zerkleinert wird. Auch ist es wichtig, daß die Welpen Vigantol für Tiere bekommen. Die Dosierung ist vorgegeben, das Präparat in der Apotheke erhältlich. Mit dem Wachstum der Welpen müssen auch die Portionen größer werden. Sollten die Welpen die von Ihnen gereichten Mahlzeiten nicht ganz auffressen, so wird die Mutterhündin gern helfen. Denn auch sie braucht dreimal täglich ihre Mahlzeit. Das Muttertier wird sehr gefordert, weil die Welpen mit jedem Tag mehr Milch von ihr wollen.

Nach der dritten, fünften und siebenten Woche ist eine Wurmkur unbedingt erforderlich. Hier empfiehlt sich Banminth-Paste. Sind die Welpen gut genährt, was sehr von der Aufzucht abhängt, kann man die Mahlzeiten in der sechsten Woche auf vier und in der siebenten Woche auf drei reduzieren, weil es schon festere Kost gibt, die länger vorhält.

Sie können die Welpen nun ganz an das Futter gewöhnen, das es im Handel zu kaufen gibt. Das ist zu empfehlen, damit ein Welpe, der nach acht Wochen verkauft werden soll, nicht auch noch – neben der ungewohnten Umgebung – vor der Futterumstellung steht.

Der Club für Britische Hütehunde

Wenn der Hund ein halbes Jahr alt ist, sollte man sich überlegen, ob man nicht Mitglied im Club für Britische Hütehunde wird. Dort findet man gleichgesinnte Menschen und kann sich Rat holen. Darum möchte ich hier den Club vorstellen:

Der „Club für Britische Hütehunde e. V. (Collie [Langhaar-, Kurzhaar-, Bearded-, Border-Collie], Sheltie, Bobtail, Welsh-Corgi)“ hatte bereits im vorigen Jahrhundert einen Vorläufer, den 1891 gegründeten Deutschen Collieclub. Um die Jahrhundertwende hatte die Zucht der Collies in Deutschland schon einmal einen Höhepunkt erreicht, vor allem in den Gebieten um Rhein und Main. Der Weltkrieg brachte aber auch hier die Aktivitäten zum Stillstand. Nur einige wenige begeisterte und unentwegte Züchter brachten es fertig, einen Bestand über diese schwere Zeit hinwegzuretten, bis 1931 eine neue Collie-Fachschaft gegründet wurde, was vor allem ein Verdienst von Karl H. Bauer aus Regensburg war. Importe von Collies aus Großbritannien brachten die notwendige Blutauffrischung, und mit dem Aufschwung der Zucht von Collies wurden auch die kleineren Verwandten immer beliebter. Der zweite Weltkrieg hatte ähnliche Folgen wie der erste. Die Neugründung des Clubs mit dem heutigen Namen kam 1948 auf Anregung von Paul Tischler aus Hamburg zustande.

Der Club ist dem Verband für das Deutsche Hundewesen (VDH) angeschlossen, der in Dortmund ansässig ist. Damit gehört er zur Fédération Cynologique Internationale (FCI) in Brüssel. Das heißt auch, daß Ausstellungen und die Überwachung der Zucht nach einheitlichen, international anerkannten Regeln verlaufen. Der Club ist die entscheidende Instanz, was die Zucht angeht. Er führt das Zuchtbuch für Collies, Shelties, Bobtails und Welsh-Corgis in der Bundesrepublik und West-Berlin; ob sich das in Kürze ändert, bleibt abzuwarten.

Aufgaben des Clubs sind die „Wahrung der Interessen der Mitglieder“, wie es in der Satzung heißt, die fachmännische Beratung, die Vermittlung von Kauf und Verkauf, die Hilfe bei der Suche nach passenden Zuchtpartnern und überhaupt die Förderung der Zucht durch Körungen und Prüfung der Zuchttauglichkeit. Schließlich hat

Ein ansehnliches Collie-Paar

der Verein, der übrigens gemeinnützig ist, die Aufgabe, die Forschung auf den Gebieten Zucht, Vererbung und Tierpsychologie sowie den Tierschutz zu fördern. Kontakte hat der Club zu Vereinigungen mit den gleichen Zielen, die es in vielen europäischen Ländern gibt. Untergliedert ist der Club in Landesgruppen. Sie berufen Versammlungen ein, meist mit Referaten und Lichtbildervorträgen, sie sind auch Anlaufstellen für die Mitglieder. Alle zwei Jahre gibt es eine Generalversammlung für Mitglieder und Interessenten. Nichts im Sinn hat der Club mit Geschäftemacherei, genausowenig wie andere Mitgliedsvereine des VDH.

Ernährung

Die wildlebenden Ahnen unseres Hundes waren Jäger. Sie verzehrten ihre Beute mit Haut und Haar. Bevorzugte Leckerbissen waren die Innereien. Magen und Darm ihrer Beutetiere enthielten auch vorverdaute Pflanzen und wichtige Vitamine. Wölfe und Wildhunde fraßen also nicht nur Fleisch. Genauer wäre die Bezeichnung „Beutefresser". Aus Untersuchungen des Mageninhaltes wissen wir, daß darüber hinaus praktisch alles auf dem Speisezettel stand, was die Natur bot: Früchte, Samen und Gräser, Frösche und Schlangen, selbst Insekten wurden verzehrt. Nur so konnten der Hunger gestillt und genügend Vitamine und Mineralstoffe aufgenommen werden.

Angemessene artgemäße Nahrung hat der Hundehalter seinem Hund nach dem Tierschutzgesetz anzubieten. Unkenntnis und falsch verstandene Tierliebe können leicht zu Tierquälerei führen: Der Hund ist kein Resteverwerter. Mit Süßigkeiten ist ihm nicht gedient. Falsche

Collierüde Domingo von Moorgarten

Neugierig sind sie alle. Hier sieht man sämtliche Farbschläge des Collies

Ernährung kann Fettsucht, innere Erkrankungen oder Hautkrankheiten verursachen. „Angemessen“ ist nur eine gesunderhaltende Nahrung. Die Freßgewohnheiten der Wildtiere zeigen, wie das Futter zusammengesetzt sein muß:

Fleisch ist die Ernährungsgrundlage. Es enthält neben Salzen, Geschmacksstoffen und Vitaminen vor allem Eiweiß. Reines Muskelfleisch oder Herz kann ebenso wie ausschließlich minderwertige sehnige, häutige oder knorpelige Teile zu Verdauungsstörungen führen. „Artgemäß“ ist eine aus leichter und schwerer verdaulichen Bestandteilen gemischte Fleischgrundlage. Dazu gehört auch tierisches Fett. Es dient als Energiequelle.

Pflanzen enthalten neben Eiweiß, Vitaminen und Mineralstoffen vor allem Stärke und Zucker. Diese Kohlehydrate liefern ebenfalls Energie. Sie muß aber bei den meisten Nährmitteln durch Erhitzung

„aufgeschlossen", das heißt verdaulich gemacht werden. Für Sättigung, Darmfüllung und geregelte Verdauung sorgen unverdauliche Rohfasern, die vor allem in Rohkost, aber auch in Hundeflocken, weniger jedoch in gekochtem Reis enthalten sind. Ungesättigte Fettsäuren aus Pflanzenölen sind vor allem für gesunde Haut und glänzendes Fell wichtig.

Für den gesunden Hund ist eine Ergänzung der Fleischgrundlage durch aufgeschlossene rohfaserhaltige Pflanzenkost das Richtige.

Eine vielseitig zusammengesetzte Nahrung enthält auch Vitamine. Das sind Wirkstoffe, die für Stoffwechselprozesse wie Blutgerinnung, Nervenfunktion oder Infektabwehr benötigt werden, die der Körper jedoch selbst nicht produzieren kann. Mineralstoffe und Spurenelemente sind nicht nur für den Knochenbau, sondern auch für viele andere Stoffwechselprozesse unerläßlich.

Eine Wissenschaft für sich?

Erhaltungs- und Leistungsbedarf, Nährwerttabellen, Kalorien und Joule – das ist schon eine Wissenschaft für sich – beflügelt durch die Futtermittelindustrie. Bei allem Respekt wundert sich der Praktiker, daß trotz Unkenntnis und Fehlern früherer Zeiten die Spezies Haushund nicht längst ausgestorben ist. Zum besseren Verständnis genügen folgende Überlegungen: Der Körper des erwachsenen Hundes befindet sich in einem dauernden Umbau. Zur Erhaltung der Körpersubstanz sind daher Eiweißbausteine erforderlich, für die damit verbundenen Stoffwechselvorgänge Energielieferanten, Vitamine und Mineralstoffe. Das Futter soll in der Trockenmasse mindestens ein Drittel Eiweiß und fünf Prozent Fett und höchstens die Hälfte Kohlehydrate enthalten.

Welpen und Junghunde brauchen für ihr Wachstum mehr Nahrung als gleich schwere erwachsene Hunde: bis zum sechsten Monat etwa doppelt soviel und dann immerhin noch fünfzig Prozent mehr. Ihr Futter soll zu zwei Dritteln, später mindestens zur Hälfte aus Fleisch und anderen Eiweißstoffen bestehen.

Diese Richtwerte gelten nur bei normaler Belastung. Besondere Leistungen erfordern eine Zulage. Als Fleischfresser kann der Hund zwar auch aus Eiweiß Energie gewinnen, die Ausbeute ist jedoch gering (und teuer). Zugelegt werden daher kohlehydrathaltige Futtermittel. Erhaltungs- und Leistungsbedarf sind praktisch nicht zu trennen. Bei Dauerbelastung kann bis zu viermal mehr Energie als bei Ruhe verbraucht werden.

Die wichtigsten Grundregeln

Die Futterration kann nicht mit der Briefwaage abgemessen werden. Neben Alter und Leistung ist die individuelle Veranlagung des Hundes ausschlaggebend. Es gibt gute und schlechte Futterverwerter. Ein normal veranlagter, durchschnittlich beanspruchter erwachsener Collie braucht täglich 300–500 g Fleisch mit 200 g Flocken. Den gleichen Nährwert haben 1000 g Dosen-Vollnahrung oder etwa 350 g Trockenfutter. Der erwachsene Sheltie erhält gut die Hälfte dieser Mengen. Bei einem gesunden, gut ernährten Hund sollen die Rippen optisch nicht hervortreten, mit der flachen Hand aber noch fühlbar sein. So kann man „erfühlen", ob Futter zugelegt oder abgezogen werden muß.

Junghunde können die tägliche Futtermenge unmöglich auf einmal aufnehmen. Eine Magenüberladung wäre die Folge. Knochen, Bänder und Gelenke würden zu stark belastet und bleibende Schäden davontragen. Immerhin braucht ein halberwachsener, 12 bis 15 kg schwerer Collie oder 6 bis 8 kg wiegender Sheltie bereits genausoviel Futter wie sein ausgewachsener Artgenosse. Die Ernährung der Welpen erfolgt zunächst genau so, wie der Züchter es gehandhabt und dem Käufer empfohlen hat. Umstellungsbedingte Verdauungsstörungen werden so vermieden. Dem Welpen wird die Eingewöhnung erleichtert.

Bis zum Abschluß des Zahnwechsels mit etwa sechs Monaten erhält der Junghund täglich drei, später bis zum Abschluß des Wachstums mit etwa eineinhalb Jahren zwei Mahlzeiten täglich. Der Junghund darf zunächst noch etwas „Babyspeck" haben. Er hilft, Krankheiten besser zu überstehen. Mangelernährung in der Jugend ist kaum wiedergutzumachen.

Fresser werden nicht geboren, sondern erzogen: Der erwachsene Hund erhält täglich eine Mahlzeit. Was in einer Viertelstunde nicht aufgefressen ist, gehört in den Mülleimer. Sauer gewordenes Futter vertragen Collie und Sheltie nicht! Wichtig ist eine regelmäßige feste Futterzeit, weniger wichtig, ob dies morgens, mittags oder abends ist. Stets soll jedoch der Hund nach dem Fressen ruhen, so wie es auch Wildtiere nach ergiebigem Mahl zu tun pflegen. Bei „Sport und Spiel" besteht die Gefahr, daß sich ein gefüllter Magen verdreht – eine lebensgefährliche Situation.

Lady, acht Monate alte Hündin

Das Futter soll vielseitig sein, damit es alle benötigten Nährstoffe enthält. Der Hund braucht aber keine Geschmacksabwechslung. Er kann durchaus dauernd das gleiche Futter erhalten, wenn dies optimal zusammengesetzt ist.

Fertigfutter – sicher, bequem und preiswert

Die Vorurteile gegen Fertigfutter sind überholt. Es entspricht in Eiweißanteil und sonstigen Inhaltsstoffen den wissenschaftlichen Erkenntnissen. Durch moderne Konservierungsverfahren werden Vitamine weniger geschädigt als durch haushaltsübliches Kochen. Krankheitserreger im Fleisch werden bei der Herstellung abgetötet. Ein weiterer Vorteil ist die praktische Vorratshaltung. Auf Reisen ist Fertigfutter die einfachste Futterlösung. Es ist nicht teurer als selbstzubereitetes Futter. Gegen Fertigfutter gibt es eigentlich nur einen Einwand: Artgemäßerweise frißt der Hund Rohes, nicht aber Gekochtes.

Dosenfutter enthält reichlich Eiweiß. Das Etikett muß genau gelesen werden: „Vollnahrung“ enthält bereits pflanzliche Futtermittel und ist futterfertig. Zu „Fleischnahrung“ müssen noch Flocken, Reis oder Gemüse zugemischt werden. Als vermeintlicher Nachteil werden vielfach die großen Kotmengen nach Verfütterung von Dosenfutter empfunden. Sie sind Folge des Rohfaseranteils und der damit verbundenen guten Darmfüllung. Geschwächte kranke Hunde reagieren bei plötzlicher Umstellung auf Dosenfutter gelegentlich mit Durchfall.

Fertigfuttermischungen aus Trockenfleisch und Nährmitteln werden mit warmem Wasser oder Brühe dickbreiig angerührt – eine unproblematische Futterzubereitung.

Trockenfutter in Keks- oder Ringform und Hundekuchen enthalten fünfmal weniger Wasser als normal feuchtes Futter. In einem Extranapf muß daher unbedingt Wasser angeboten werden. 200 g Trockenfutter haben etwa den gleichen Nährwert wie eine 850-g-Dose Vollnahrung oder 400 g Fleisch und 125 g Flocken. Zusätzliche „Leckerlis“ sind Dickmacher.

Fertigfutter ist meist nach dem Bedarf erwachsener Hunde zusammengestellt. Junghunde erhalten daher als Eiweißzulage zusätzlich Fleisch oder Milcherzeugnisse oder aber gleich ein spezielles Welpen- oder Junior-Fertigfutter.

Eigener Herd . . .

Schwieriger ist es, seinen Hund mit selbstzubereitetem Futter zu ernähren.

Fleisch ist die Futtergrundlage: Rinderpansen und Blättermagen, Herz, Fleischabschnitte, Maulfleisch, Leberabschnitte, Schlund, Milz und Nieren sind ein fast vollwertiger Ersatz für das zu teure Muskelfleisch. Euter, Lunge und „Schweineringel“ sind nur bedingt und in kleinen Mengen geeignet. Besonders wertvoll ist „grüner“ Pansen: Der rohe, ungereinigte Rindermagen enthält bereits vorverdaute Pflanzenteile und Vitamine, die aus den Pflanzen stammen oder im Pansen gebildet wurden. Haltbarer und weniger duftend ist der gereinigte und gebrühte „weiße“ Pansen. Rohe Leber und rohe Milz haben eine abführende Wirkung und dürfen Collies und Shelties, wenn überhaupt, nur als „Medizin“ bei zu festem Stuhl in kleinen Mengen zugegeben werden. Geflügelinnereien und Schweinefleisch sollten stets gekocht werden. Sie könnten sonst Durchfall verursachen oder die gefürchtete

Aujeszkysche Krankheit übertragen. Die Fleischgrundlage sollte stets aus verschiedenen Bestandteilen bestehen. Bei einseitiger Zusammensetzung, zum Beispiel ausschließlich Pansen, können Eiweißbausteine fehlen, die der Hund braucht.

Andere Eiweißquellen können das Futter vervollständigen. Hunde mit gesunder Leber und Niere dürfen gelegentlich unverdorbenen Fisch, frei von harten Gräten, fressen. Junghunde bis zum sechsten Monat können täglich eine mit Milch hergestellte Mahlzeit erhalten. Bei älteren Junghunden muß Kuhmilch verdünnt werden. Erwachsene Hunde erhalten – wie in der Natur – keine Milch. Sie können den Milchzucker nicht verdauen. Der Darminhalt wird dadurch zu weich. Hauterkrankungen können die Folge sein. Besser als Kuhmilch sind Welpenmilch-Präparate, die auch von älteren Hunden vertragen werden. Auch rohes Eiklar kann der Hund nicht richtig verdauen. Rohes Eigelb ist dagegen vor allem für junge und kranke Hunde gesund und bekömmlich. Gekochte und gebratene Eier verträgt jeder Hund. Viele Hunde mögen auch Magerquark – eine wertvolle Ergänzung hochwertigen Eiweißes – besonders für Junghunde. Käse ist entgegen Vorurteilen nicht schädlich. Käserinden, Wurstpellen, Geräuchertes und Gewürztes gehören aber nicht in den Hundenapf.

Einkaufsmöglichkeiten für Futterfleisch bieten Hundefutterhandlungen und Fleischereien sowie Zoogeschäfte und Supermärkte. Frisches Futterfleisch ist leicht verderblich und sollte auch bei Kühlung nicht länger als zwei Tage aufbewahrt werden, gekochtes hält sich ein bis zwei Tage länger. In der Gefriertruhe kann man Fleisch etwa drei Monate aufbewahren, zweckmäßigerweise in dicht schließenden Kunststoffbeuteln portionsweise verpackt.

Die Zubereitung des Futters erfordert nur geringen Aufwand. Da der Hund sein Futter nicht kaut, sondern schlingt, wird das Fleisch in maulgerechte Happen geschnitten, aber nicht wie Hackfleisch zerkleinert. Viele Hundefutterhändler nehmen dem Käufer diese Arbeit ab. Das frische oder aufgetaute Fleisch wird mit heißem Wasser angebrüht. So bleibt es innen roh, wird aber leicht erwärmt. Eiskaltes Futter ist Gift für den Hundemagen.

Als pflanzliche Ergänzung können gekochte Haferflocken, Graupen oder Reis zugegeben werden. Einfacher geht es mit „Hundeflocken“, einem Gemisch getoasteter und daher verdaulicher Getreideerzeugnisse mit ausreichendem Rohfasergehalt. Zwei Maß Flocken werden einem Maß Fleisch mit warmem Wasser zugemischt. Das Futter soll dickbreiig, nie suppig sein. Junghunde erhalten Flocken und Fleisch zu gleichen Raumteilen. Von Fall zu Fall sollen die Flocken ganz oder teilweise durch Gemüse ersetzt werden, das mit einer Gabel zerdrückt wird. Es schadet nichts, wenn Essenreste leicht gesalzen sind. Der Hund braucht Kochsalz für eine einwandfreie Nierentätigkeit. Hülsenfrüchte und Kohl gehören allerdings nicht ins Hundefutter. Sie sind schwer verdaulich und verursachen Blähungen.

Rohkost, insbesondere fein zerkleinerte Möhren und Äpfel, sind eine sättigende und vitaminreiche Futterergänzung. Auch gehackte Petersilie oder Kresse und frische Obst- und Gemüsesäfte können das Vitaminangebot vervollständigen.

Zur Versorgung mit ungesättigten Fettsäuren – wichtig zum Beispiel für Haut und Haar – kann dem Futter einmal wöchentlich ein Teelöffel Pflanzenöl zugesetzt werden. Auch eine Scheibe Brot mit Pflanzenmargarine ist eine vorzügliche Ergänzung, insbesondere gut durchgebackenes Roggenbrot. Brot soll aber nie eingeweicht werden.

Für den Junghund ist eine ausreichende Vitamin-D-Versorgung zur Verhütung der Knochenweiche (Rachitis) besonders wichtig. Überdosierungen sind aber schädlich. Anstelle des Lebertrans sollten daher genau dosierbare Vitamin-D-Präparate nach tierärztlicher Verordnung gegeben werden. Bierhefe – Bestandteil vieler Hundeflocken – enthält auch B-Vitamine. Für den jungen Hund ist die Zufütterung von „Futterkalk" für Wachstum und Knochenbau unerläßlich. Aber auch der erwachsene Hund braucht eine Mineralstoffergänzung, weil selbstzubereitetes Futter nicht alle Stoffe in ausreichender Menge enthält. Speziell für den Bedarf des Hundes zusammengestellte Mittel sind besser und billiger als Kalktabletten für Menschen.

Knochen enthalten Mineralstoffe, sind aber schwer verdaulich und können hartnäckige Verstopfungen verursachen. Ihr Wert liegt vor allem in der Gebißpflege und der „Gymnastik" für die Kaumuskulatur. In Maßen können daher Hunde mit gesunden Zähnen Kalbs- oder Rinderknochen erhalten. Hundekuchen oder Kauknochen aus Büffelhaut erfüllen allerdings den gleichen Zweck. Ältere Tiere mit Verdauungsproblemen oder Zahnkrankheiten müssen auf Knochen verzichten. Harte Röhrenknochen, vor allem von Geflügel, können splittern und Darmverletzungen verursachen. Kotelettknochen können in der Speiseröhre steckenbleiben. Sie gehören in den Mülleimer.

Fastentage müssen wildlebende Fleischfresser oft einlegen. Für Hunde mit Übergewicht ist ein Fastentag in der Woche ein probates

Zwei Bluemerle-Collies

Mittel zum Abnehmen. An den übrigen Tagen darf er sich einmal täglich sattfressen. Die fettarme Fleischgrundlage wird allerdings mit nährstoffarmer Lunge gestreckt, und statt Flocken gibt es Weizenkleie und Rohkost. Einfacher, aber teurer ist Diät-Fertigfutter.

Wasser, immer frisch und sauber, nie eiskalt, muß dem Hund ständig zur Verfügung stehen. Ein gesunder Hund trinkt zwar bei normal feuchtem Futter kaum, muß aber doch bei Hitze, nach Anstrengungen oder zu bestimmtem Futter seinen Durst löschen können. Ständig stark vermehrter Durst ohne erkennbaren Grund ist ein Krankheitszeichen.

Patentrezepte

Fragt man zehn Hundeexperten, erhält man sicher wenigstens neun „bewährte, für diese Rasse einzig richtige" Ernährungsanleitungen, von denen acht völlig richtig sind. Trotz aller Erfahrung und wissenschaftlicher Akribie gibt es gottlob viele Möglichkeiten, seinen Hund artgemäß und ausreichend zu ernähren. Man muß nur die angeführten Ernährungsregeln mit etwas Verständnis beachten – sei es mit Fertigfutter, sei es mit einem eigenen, auf Haushalt, Hund und Geldbeutel abgestellten Spezialrezept, sei es auch mit beidem.

Gesundheit

Vorbeugen ist besser als Heilen

Artgerechte Haltung, Pflege und Ernährung sind Voraussetzungen für die Gesundheit des Hundes. Sein seelisches Wohlbefinden ist so wichtig wie das körperliche. Der gesunde Hund nimmt aufmerksam und lebhaft Anteil an seiner Umgebung. Er ist kräftig und ausdauernd. In der Ruhe atmet er 10- bis 20mal, das Herz schlägt 70- bis 100mal in der Minute. Die Körpertemperatur liegt um 38,5 °C. Gesundheit ist nicht nur „Freisein von Krankheiten", sie schließt auch Widerstandskraft gegen Infektionen ein.

Das Haarkleid schützt nicht nur gegen Wind und Wetter, es ist auch Zeichen von guter Gesundheit. Stumpfes Haar, ständiger Haarausfall und starker Geruch deuten auf innere Erkrankungen hin. Die Haut soll frei von Schuppen und Rötungen sein, kein Juckreiz soll den Hund plagen.

Flöhe, Läuse und Haarlinge kann auch der gepflegteste Hund von einer Hundebegegnung mitbringen. Bei Juckreiz wird als erstes die Haut auf Flohstiche – bis zu linsengroße, geschwollene Rötungen – und das Fell auf Parasitenkot – kleine schwarze Pünktchen – abgesucht.

Sheltie-Familie „von der Kladower Oase"

Lieblingssitze der ungebetenen Gäste sind die Innenflächen der Hinterbeine, die Achselhöhlen und die Ohrmuscheln. Bei leichtem Befall genügt ein Flohpuder oder -spray. Wirksamer sind Waschlösungen, die das Fell bis auf die Haut benetzen, oder verschreibungspflichtige Mittel, die auf die Haut getropft werden und bis zu vier Wochen wirken. Das Ablecken solcher Mittel muß aber unbedingt verhindert werden. „Anti-Floh-Halsbänder" geben bis zu vier Monaten gas- oder puderförmige Wirkstoffe ab. In Hundehütten können bei einigen Halsbändern Giftgaskonzentrationen auftreten, die auch für den Hund bedenklich sind. Manche Halsbänder verlieren zudem durch Nässe an Wirksamkeit. Bei Flohbefall muß immer das Lager des Hundes mitbehandelt werden. Moderne Spezialmittel töten dabei nicht nur „erwachsene" Flöhe, sondern stoppen auch die weitere Entwicklung der Flohlarven. Hundedecken werden am besten ausgekocht. Teppiche regelmäßig gesaugt und Stroh in der Hütte gewechselt.

Zecken lassen sich aus dem Gebüsch auf den Hund fallen, beißen sich in der Haut fest und saugen sich mit Blut voll. Sie sehen dann wie prallgefüllte graubraune bis zu kirschkerngroße Säckchen aus. Zecken dürfen nicht einfach ausgerissen werden. Dabei können die Beißwerkzeuge in der Haut steckenbleiben und zu Entzündungen führen. Man betäubt die Zecke mit Alkohol oder hüllt sie mit Öl ein und wartet etwa zehn Minuten. Am sichersten wirkt ein Spraystoß mit einem insektiziden „Desinsektspray". Die betäubte oder tote Zecke wird vorsichtig aus der Haut herausgedreht.

Die Ohren sollten alle vier Wochen gereinigt werden. Mit Wattestäbchen kann man das Trommelfell zwar kaum verletzen, das Ohrenschmalz aber in der Tiefe zusammenstopfen. Besser ist ein alkoholischer Ohrreiniger, der randvoll ins Ohr eingegossen und bei zugedrückter Ohrmuschel durchmassiert wird. Das gelöste Ohrschmalz kann der Hund dann selbst ausschütteln, vorzugsweise im Freien. Dunkle, übelriechende Beläge im Ohr zeigen eine Entzündung an. Meist wird der Hund sich dann auch am Ohr oder – scheinbar – am Halsband kratzen und den Kopf schütteln. Ursache des „Ohrenzwanges" können Ohrenmilben, Grasgrannen oder andere Fremdkörper sowie Bakterien und Pilze sein. Wenn zwei- bis dreimalige gründliche Reinigung mit dem Ohrreiniger keine Besserung bringt, ist eine gezielte Behandlung erforderlich.

Die Augen werden mit einem Stückchen Mullbinde oder einem Taschentuch vom „Schlaf" gereinigt. Fusseln von Watte oder Papiertaschentüchern reizen die Schleimhäute. Bindehautentzündungen können auch durch Zugluft, Staub oder starke Sonne verursacht werden. Besonders anfällig sind Hunde, deren Augenlider am Augapfel nicht eng anliegen. Zur Linderung werden Augentropfen in den heruntergezogenen Bindehautsack geträufelt. Borwasser wird heute nicht mehr verwendet, weil feine Kristalle als Fremdkörper wirken können. Länger andauernder wäßriger, schleimiger oder eitriger Augenausfluß sollte nicht mit Hausmitteln kuriert werden. Es könnte eine Infektion vorliegen. Wucherungen auf der Rückseite der Nickhaut müssen meist operativ behandelt werden.

Die Zähne werden durch Hundekuchen oder Knochen ausreichend gereinigt. Auch die Tortur des Zähneputzens kann Zahnstein nicht verhindern. Zur Entfernung weicher Beläge eignet sich am ehesten ein Wattebausch, getränkt mit dreiprozentiger Wasserstoffsuperoxydlösung. Zahnstein ist ein fest anhaftender brauner Belag aus verhärteten Salzen. Fauliger Mundgeruch durch Zahnfleischentzündungen und -vereiterungen sowie Zahnausfall sind die Folgen. Zahnstein sollte frühzeitig fachkundig entfernt werden.

Lose Zähne müssen gezogen werden. Da der Hund keine Beute jagen, festhalten oder zerreißen muß, kann er auf schmerzende Zähne gut verzichten. Nach Entfernung der Eiterherde wird er sich auch allgemein wohler fühlen, denn sie können den Körper vergiften und zum Beispiel chronische Herzklappenentzündungen auslösen. Auch Milchhakenzähne, die beim Zahnwechsel nicht ausfallen, müssen gezogen werden. Sie können zu Stellungsfehlern im bleibenden Gebiß führen.

Die Analbeutel sollen eigentlich bei jedem Kotabsatz eine individuelle Duftmarke zur Revierkennzeichnung hinterlassen. Infolge der Domestikation funktioniert die Entleerung häufig nicht richtig. Sekretstauungen sind die Folge. Den Juckreiz versucht der Hund vergeblich durch Rutschen auf dem After zu beseitigen. Dieses „Schlittenfahren“ ist entgegen landläufiger Vermutung fast nie auf Wurmbefall zurückzuführen. Stark gefüllte Analbeutel müssen fachkundig ausgedrückt, vereiterte müssen tierärztlich behandelt werden.

Die Krallen werden bei regelmäßiger Bewegung auf festem Untergrund ausreichend abgelaufen. Nur bei krankhaftem Hornwachstum oder Stellungsfehlern müssen sie geschnitten werden. Dabei soll die in der Kralle verlaufende Ader nicht verletzt werden. „Wolfskrallen“, Überbleibsel der an sich verkümmerten fünften Zehe an den Hinterläufen, können bei Verletzungen stark bluten. Sie sollten vorsorglich amputiert werden. Das geschieht üblicherweise schon bei neugeborenen Welpen.

Erste Hilfe tut not

Hautverletzungen müssen genau inspiziert werden. Oberflächliche Abschürfungen und Schrunden können mit Hausmitteln behandelt werden. Auf jeden Fall werden im Bereich der Verletzungen die Haare mit einer gebogenen Schere kurz abgeschnitten. Sie verkleben sonst mit dem Wundsekret; Vereiterung ist die Folge. Die Wunde wird mit Wundgel, -spray oder -tinktur behandelt. Fetthaltige Salben behindern den heilungsfördernden Luftzutritt, Puder verkrustet.

Bei tieferen Wunden mit Durchtrennung der Haut sollte umgehend ein Tierarzt hinzugezogen werden. Bei Beißereien und Stacheldrahtverletzungen wird die Haut oft vom Körper losgerissen, so daß tiefe Taschen entstehen. Haare und Schmutz in der Tiefe der Wunden müssen, soweit möglich, entfernt werden. Von Fall zu Fall ist zu prüfen, ob eine „offene Wundbehandlung" oder eine Naht besser ist. Nur frische Wunden können mit Aussicht auf komplikationslose Heilung genäht werden.

Eine offene, aus der Tiefe nässende oder eiternde Wunde darf der Hund belecken. In allen anderen Fällen wird die Wundheilung behindert, weil die zarten Heilungszellen am Wundrand gestört werden. Das Belecken von Wunden und das Abreißen von Verbänden können durch einen Halskragen verhindert werden. Aus einem passenden Plastikeimer wird der Boden herausgeschnitten. Die Schnittkanten werden abgepolstert, an vier Stellen durchlöchert und mit Bindfäden versehen, die am Lederhalsband festgebunden werden. Einfacher, aber teurer, sind fertige Halskragen vom Tierarzt.

Wundstarrkrampf ist beim Hund selten. Impfungen sind daher nicht üblich. Zur Vorbeuge sollen Wunden ausbluten und nicht luftdicht abgedeckt werden. Wenn größere Adern verletzt sind, kommt es zu andauernden, starken Blutungen. Häufig tritt Blut im Strahl aus. Dann muß zur ersten Hilfe ein Druckverband angelegt werden. An ungünstigen Körperstellen wie am Kopf kann auch von Hand eine Kompresse aufgedrückt werden. Gliedmaßen können abgebunden werden, die Abbindung muß aber viertelstündlich kurz gelöst werden. In solchen Fällen ist stets umgehend tierärztliche Hilfe erforderlich.

Pascal von Moorgarten, ein schöner Vertreter seiner Rasse

Unfälle können auch zu inneren Verletzungen und Gehirnerschütterungen führen. Bei Bewußtseinstrübungen soll nie Flüssigkeit eingeflößt werden. Die Maulschleimhaut kann aber mit Kaffee, Tee oder auch einfach mit Wasser befeuchtet werden. Der Hund wird seitlich mit tiefliegendem Kopf und herausgezogener Zunge auf einer Decke gelagert, die, von zwei Personen an den Ecken strammgezogen, auch als „Tragbahre“ dient. Am Unfallort sind meistens die Diagnose und vor allem eine wirksame Schockbehandlung erschwert. Telefonisch sollte zur Vermeidung unnötiger Wege und Zeiten ein dienstbereiter Tierarzt verständigt und umgehend aufgesucht werden.

Lahmheiten können viele Ursachen haben. Als erstes wird die Pfote untersucht. Dornen oder Splitter werden ausgezogen. Verfilzte Haare drücken zwischen den Ballen wie ein Stein im Schuh; sie werden daher vorsichtig ausgeschnitten. Wunde Stellen werden wie Hautverletzungen behandelt. Im Winter müssen Streusalzreste von den Pfoten abgewaschen werden. Bei Krallenbettentzündungen können warme Kamillen- oder Seifenbäder Linderung bringen. Lose Krallenteile werden an der Bruchstelle beherzt abgeschnitten. In vielen Fällen ist ein Verband erforderlich. Er muß fachkundig angelegt werden, um Druckstellen zu vermeiden.

Bei Schwellungen, Prellungen und Verstauchungen kann das Fell des betroffenen Körperteils mehrmals täglich mit kaltem Wasser durchnäßt werden. Das wirkt wie ein Kühlverband, lindert den Schmerz und hemmt – frühzeitig angewendet – weitere Schwellungen. Wenn ein Bein überhaupt nicht belastet wird, besteht Verdacht auf Knochenbruch. Bei stark abnormer Beweglichkeit kann die Gließmaße durch eine Notschiene ruhiggestellt werden. Ein feuchtes Tuch, zwei ausreichend lange Stöcke und Binden oder Leukoplast genügen fürs erste. Die benachbarten Gelenke müssen mitfixiert werden.

Andauernde, wiederkehrende oder sich verschlimmernde Bewegungsstörungen sind stets ein Fall für den Tierarzt. Bei Junghunden können schmerzhafte Knochenauftreibungen oder Ablösungen des Ellenbogenhöckers zu Lahmheiten führen. Ältere Hunde leiden oft unter chronischen Gelenkentzündungen. Die Hüftgelenksdysplasie (HD) ist erblich veranlagt: Eine Abflachung der Gelenkpfanne begünstigt Arthrosen und Verrenkungen. Im Alter können auch die Rückenmarkshäute verknöchern. Dadurch werden die Nerven eingeklemmt. Zunehmende Nachhandschwäche bis hin zur Lähmung ist die Folge. Relativ oft wird das Humpeln auf einem Hinterbein durch eine Ausrenkung der Kniescheibe oder durch Riß von Bändern bedingt, die operativ fixiert werden müssen.

Vergiftungen sind meist „Unglücksfälle" und nur selten böse Absicht. Rattengift kann bei unsachgemäßem Auslegen direkt, aber auch mit vergifteten Nagetieren aufgenommen werden. Meist handelt es sich um Cumarinpräparate, die zu inneren Blutungen führen. Vorsicht ist auch bei Schädlings- und Unkrautbekämpfungs- sowie bei Frostschutzmitteln geboten. Hochgiftige Thallium-, Zinkphosphid- und Arsenzubereitungen, Blausäure und Strychnin sind heute gottlob kaum noch erhältlich. Die besten Überlebenschancen bestehen, wenn man „nach frischer Tat" das Gift wieder aus dem Magen herausbefördern kann. Der Tierarzt kann Erbrechen durch eine Spritze auslösen, der Laie durch Eingeben von zwei bis drei Teelöffeln Salz. Nach dem Erbrechen kann eine Aufschwemmung von etwa zehn Kohlekompretten eingeflößt werden. Milch wird nicht gegeben, weil verschiedene Gifte fettlöslich sind. Etwa vorhandene Hinweise auf die Art des Giftes ermöglichen eine rechtzeitige, gezielte tierärztliche Behandlung. Ungewisser sind die Aussichten, wenn Vergiftungsfolgen wie Krämpfe, Mattigkeit oder Brechdurchfall schon eingetreten sind, die Ursache aber nur vermutet werden kann. Eine genaue Diagnose ist oft erst durch Spätschäden wie Blutungen oder Haarausfall möglich. Dann kann es für eine Rettung bereits zu spät sein.

Durchfall ohne Fieber bessert sich häufig nach einem Fastentag: Der Hund erhält ausschließlich stark verdünnten Tee mit einer Prise Salz, aber ohne Zucker. Zur Geschmacksverbesserung ist Süßstoff erlaubt. Zusätzlich ist es nie verkehrt, eine Aufschwemmung von Kohlekompretten einzugeben. Keinesfalls darf Durchfall mit Wasserentzug „behandelt" werden; der Körper würde zu stark austrocknen. Am zweiten Tag erhält der Hund in kleinen Portionen ein Diätfutter, zum Beispiel Beefsteakhack, Schmelzflocken und rohen geriebenen Apfel. Am dritten Tag muß der Kot zumindest wieder dickbreiig sein.

Verstopfungen lassen sich oft durch rohe Leber oder Milz oder einige Teelöffel süßer Dosenmilch beheben. Bei krampfhaft vergeblichem Drängen kann ein Mikroklistier Erfolg bringen. Bei einer Verhärtung von Knochenteilen im Enddarm hilft allerdings meist nur ein fachgerechter Einlauf.

Erbrechen ist keine selbständige Krankheit. Einmaliges Erbrechen kann durch zu hastiges Fressen, zu kaltes Futter oder Aufnahme von Fremdkörpern ausgelöst werden. Gelegentliches Erbrechen ist beim

Kurtie von der Hutzelschweiz, ein Sheltierüde

Hund ohne große Bedeutung. Um zu erbrechen, frißt der Hund häufig Gras. Geschieht dies regelmäßig, oder wird ständig das Futter erbrochen, muß ein Tierarzt hinzugezogen werden. Auch Durchfall und Erbrechen mit Fieber sind kein Fall für Hausmittel.

Scheinschwangerschaft tritt bei manchen Hündinnen etwa acht Wochen nach der Läufigkeit auf. Sie sind unruhig, „bemuttern" irgendwelche Gegenstände, fressen schlecht und erbrechen gelegentlich. Das Gesäuge schwillt, Milch bildet sich. Abhilfe schafft häufig wenig Fressen und Trinken bei viel Bewegung und Beschäftigung. Das Gesäuge kann mehrmals täglich mit kaltem Wasser befeuchtet werden, um Schwellung und Milchproduktion zu hemmen. Keineswegs soll die Milch ausgedrückt werden. Damit würde nur die weitere Milchbildung angeregt. Bei sehr starker Gesäugeschwellung und trotz Hausmitteln nicht nachlassenden Erscheinungen muß der Tierarzt verständigt werden.

Insektenstiche, vor allem durch das Schnappen nach Wespen und Bienen verursacht, können schnell zu erheblichen Schwellungen am

Kopf oder, noch schlimmer, im Rachen führen. Äußerliche Kühlung mit Eiswürfeln und eine Tablette gegen Allergie – falls zur Hand – ersparen oft nicht die möglichst rasche tierärztliche Behandlung.

Alarmzeichen

Fieber ist eine Abwehrreaktion des Körpers, meist auf Infektionen. Die Hundenase kann auch beim kranken Hund feucht und kühl sein. Die Temperatur muß mit einem Fieberthermometer, je nach „Bauart" bis zu fünf Minuten, im Mastdarm gemessen werden. Sie darf nicht über 39 °C liegen. Untertemperaturen unter 37,5 °C entstehen infolge einer Reduzierung der Stoffwechselvorgänge häufig vor dem Tod.

Husten, als ob ein Knochen im Hals säße, tritt bei Mandelentzündungen auf. Ernstere Infektionen wie Zwingerhusten oder gar Staupe könnten dann vorliegen. Pumpende Atmung entsteht durch eine Lungenentzündung, aber auch durch Wasseransammlung in der Lunge, zum Beispiel infolge von Vergiftungen. Bei alten Hunden kann der damit verbundene Husten auch auf eine Herzschwäche zurückzuführen sein. Bauchpressen und Aufblasen der Backen sind Zeichen höchster Atemnot.

Schleimhäute im Auge und im Fang geben Hinweis auf innere Erkrankungen: Blässe deutet auf Blutarmut hin, Gelbfärbung auf Leberschäden mit Gelbsucht, Blutungen auf schwere Infektionen oder Vergiftungen, eine bläuliche Färbung tritt bei Herz- und Kreislaufschwäche auf.

Kot und Urin mit Blutbeimengungen lassen schwerwiegende krankhafte Veränderungen erkennen. Bei Blutungen im Magen und in den vorderen Darmabschnitten kann der Stuhl durch das verdaute Blut pechschwarz aussehen. Nierenerkrankungen können auch mit erhöhtem Durst verbunden sein. Wenn Mattigkeit und Mundgeruch hinzukommen, ist meist bereits eine Harnvergiftung eingetreten.

Harnsteine, Blasenriß oder Vergiftungen können dazu führen, daß überhaupt kein Urin mehr abgesetzt wird; dann besteht höchste Gefahr.

Geschwülste, Prostatavergrößerungen und Mastdarmveränderungen erschweren den Kotabsatz. Verhärtete Knochenteile können den Enddarm völlig verstopfen. Erbrechen und zunehmende Mattigkeit bei fehlendem Kotabsatz sprechen für einen Darmverschluß oder einen Fremdkörper im Darm.

Speicheln wird im harmlosesten Fall durch Fremdkörper in der Maulhöhle oder durch lose Zähne verursacht, bedenklicher wäre eine E-605-Vergiftung oder Pseudowut, schlimmstenfalls ist an Tollwut zu denken.

Umfangsvermehrungen des Bauches bei sonst normalem Ernährungszustand oder zunehmende Abmagerung können durch Tumore oder Bauchhöhlenwasser hervorgerufen werden. Bei einer Gebärmuttervereiterung besteht gleichzeitig fast immer starker Durst, gelegentlich auch Scheidenausfluß. Eine plötzliche Aufblähung des Bauches mit Kolik und Kreislaufschwäche, bedingt durch eine Magendrehung, erfordert unverzügliche Operation. Eine Entzündung der Kaumuskeln mit Schwellung und Verhärtung sowie hervortretenden Augäpfeln muß sofort tierärztlich behandelt werden.

Infektionen bedrohen die Gesundheit

Staupe und ansteckende Leberentzündung (Hepatitis) sind Viruskrankheiten, die für Junghunde besonders gefährlich sind, aber auch ältere Hunde befallen. Staupe beginnt mit einem häufig kaum merkbaren, kurzen Fieber, dem nach etwa acht Tagen eine schwere Lungenentzündung mit eitrigem Augen- und Nasenausfluß oder ein Durchfall folgt. Eine besondere Verlaufsform ist mit einer Verhärtung der Ballen verbunden. Nach scheinbarer Besserung treten nervöse Erscheinungen bis hin zu Krämpfen auf, die meistens zum Tod führen. Nach überstandener Staupe bleibt häufig ein nervöses Zucken der Kopfmuskeln, der „Staupetick", nach Erkrankungen im Junghundalter das „Staupegebiß" mit erheblichen Zahnschmelzdefekten zurück.

Die ansteckende Leberentzündung verläuft ähnlich, mit hohem Fieber, Apathie und Appetitlosigkeit. Hornhauttrübungen können bleibende Folgeschäden sein.

Stuttgarter Hundeseuche (Leptospirose) wird durch Bakterien verursacht und von Hund zu Hund übertragen. Sie beginnt häufig mit einer Schwäche in den Hinterbeinen. Geschwüre im Maul, Magen und Darm sind mit aasartig-faulem Maulgeruch und blutigem Durchfall verbunden.

Tollwut tritt bei Hunden nur noch selten auf. Die Seuche wird vor allem durch Füchse übertragen. Hinweisschilder warnen in gefährdeten Gebieten vor Tollwut. Die Krankheit ist besonders tückisch: Die typischen Wuterscheinungen wie heiseres Gebell, Wasserscheue,

Unruhe und unmotivierte Beißwut fehlen häufig. Die „stille Wut“ ist im Anfangsstadium schwer zu erkennen. Ein erkranktes Tier stirbt immer.

Parvovirose ist bei uns erst in den letzten Jahren aufgetreten. Die Seuche wurde zunächst auf Ausstellungen verbreitet. Der Erreger ähnelt dem Katzenseuchevirus. Die Ansteckung erfolgt über die Ausscheidungen von Hund zu Hund. Bei Welpen tritt plötzlicher Herztod auf, ältere Hunde sterben nach unstillbarem, blutigem Durchfall und Erbrechen.

Impfungen schützen vor diesen Infektionskrankheiten

Welpen in gefährdeten Zuchten oder ungeimpfte Hunde mit verdächtigen Krankheitserscheinungen können mit einem Serum behandelt werden, das fertige spezifische Abwehrstoffe enthält. Diese „passive Immunisierung“ schützt aber nur für zwei bis drei Wochen. Der Käufer eines Hundes sollte den Impfpaß daraufhin genau prüfen.

Länger dauernden Schutz vermittelt nur die „aktive“ Schutzimpfung. Dabei werden abgeschwächte oder abgetötete Infektionserreger eingeimpft. Der Körper reagiert darauf mit der Bildung eigener Abwehrstoffe. Bei den heute üblichen Kombinationsstoffen kennzeichnen die Buchstaben S, H, L, T und P die Wirksamkeit gegen die in Frage kommenden Seuchen. Welpen werden mit sieben bis acht Wochen das erste Mal geimpft und müssen dann mit zwölf Wochen nachgeimpft werden. Bei älteren Hunden genügt eine einmalige Grundimmunisierung.

Der einmal gebildete Impfschutz baut sich im Laufe der Zeit ab. Kommt der Hund mit betreffenden Seuchenerregern in Berührung, so wird die Antikörperbildung aufgefrischt. Ist der Impfschutz aber bereits zu stark abgesunken, kann der Hund erkranken. Deshalb sind Auffrischungsimpfungen im Abstand von ein bis zwei Jahren erforderlich.

Ein sicherer Impfschutz des Hundes ist auch für den Menschen wichtig. Erkrankte Hunde können Leptospiren übertragen, die beim Menschen das „Canicola-Fieber“ oder die „Weilsche Krankheit“ hervorrufen. Hundetollwut ist wegen des engen Kontaktes für Menschen viel gefährlicher als Wildtollwut. Geimpfte Hunde übertragen keine Tollwut. Nach einem Kontakt mit verdächtigem Wild brauchen sie deshalb auch nicht getötet zu werden, wie dies für ungeimpfte Hunde gesetzlich vorgeschrieben ist. Schließlich können sie auf Auslandsreisen mitgenommen werden.

Gegen andere Infektionen schützt Vorsicht

Toxoplasmose wird durch einzellige Schmarotzer hervorgerufen. Ihr Stammwirt ist die Katze. Bei anderen Tieren werden ansteckungsfähige Dauerformen gebildet. Hunde erkranken überwiegend durch infiziertes Schweinefleisch. Für die Ansteckung des Menschen wurden sie früher zu Unrecht verantwortlich gemacht.

Die **Aujeszkysche Krankheit** wird ebenfalls durch Schweinefleisch übertragen. Unstillbarer Juckreiz, Unruhe, Ängstlichkeit und Speichelfluß haben gewisse Ähnlichkeit mit Tollwut. Die Krankheit wird daher auch „Pseudowut" genannt. Schweinefleisch und in der Zusammensetzung unbekannte Fleischmischungen (zum Beispiel aus Supermärkten) müssen deshalb gut durchgekocht werden. Fertigfutter und Rindfleisch sind dagegen unbedenklich.

Zwingerhusten tritt vor allem in Tierheimen und Hundehandlungen auf. Unter begünstigenden Umständen lösen Viren und Bakterien gemeinsam Entzündungen von Luftröhre und Bronchien aus. Kennzeichnend ist ein kurzer, trockener Husten. Sekundärinfektionen können den Krankheitsverlauf verschlimmern. Einen gesunden Hund kauft man mit größerer Wahrscheinlichkeit beim Züchter. Während des Urlaubs sollte man seinen Hund nicht in unbekannte Heime oder Pensionen geben oder ihn vorsorglich auch gegen Zwingerhusten impfen lassen.

Wurmkuren gegen unerwünschte Kostgänger

Spulwürmer können bei Junghunden zu Verdauungs- und Entwicklungsstörungen, zu Vergiftungserscheinungen und sogar zum Tod führen. Fast alle Welpen werden im Mutterleib mit Spulwürmern infiziert. Die ersten Wurmkuren soll schon der Züchter durchführen. Junghunde werden vierteljährlich entwurmt. Ältere Hunde beherbergen nur noch einzelne Würmer. Sie richten zwar keinen großen Schaden an, sind aber eine ständige Infektionsquelle. Hündinnen sollten sechs Wochen nach jeder Läufigkeit, Rüden einmal jährlich entwurmt werden. Bei festgestelltem Wurmbefall ist eine sofortige Entwurmung mit einer Wiederholungsbehandlung nach zwei bis drei Wochen erforder-

Enzie im Alter von viereinhalb Monaten . . .
. . . hier als zwei Jahre alte Sheltiehündin

lich. Rohe Möhren garantieren keine Wurmfreiheit. Wirksame und verträgliche Mittel sind verschreibungspflichtig. Sie wirken auch gegen andere Rundwurmarten, zum Beispiel gegen Hakenwürmer.

Spulwürmer sind auf ihre Wirtstierarten spezialisiert; wenn der Mensch Hundespulwurmeier aufnimmt, schlüpfen zwar Larven und beginnen ihre Wanderung im Körper, sie bleiben jedoch in Organen oder Muskeln stecken und können dort schmerzhafte Entzündungen verursachen. Besonders gefährdet sind „Krabbelkinder“. Wurmkuren dienen daher auch dem Gesundheitsschutz der Familie. Auf Kinderspielplätzen haben Hunde nichts zu suchen.

Bandwürmer brauchen für ihre Entwicklung stets einen Zwischenwirt. Für den Hundebandwurm ist dies der Floh. Er nimmt die Wurmeier auf, aus denen sich eine Finne entwickelt. Der Hund „knackt“ den Floh – die Finne wächst im Hundedarm zum fertigen Bandwurm aus. Mit dem Kot erscheinen nach geraumer Zeit einzelne kürbiskernförmige, anfangs noch bewegliche Bandwurmglieder oder ein längeres, deutlich gegliedertes Wurmende.

Die meisten Spulwurmmittel sind gegen Bandwürmer unwirksam. Heute gibt es aber gut verträgliche und sicher wirkende Bandwurmmittel. Zur Bandwurmkur gehört stets eine Flohbehandlung von Hund und Lager.

Besonders bei Jagdhunden kann auch der „gesägte Bandwurm“ auftreten, dessen Zwischenwirte Hasen und Kaninchen sind. Andere Bandwurmarten, die durch Fisch oder Wild, Rinder- oder Schafeingeweide übertragen werden, kommen seltener vor. Dazu zählt der „dreigliedrige Bandwurm“, der auch dem Menschen gefährlich werden kann.

Der Hund sollte zur Vorbeuge keine rohen „Konfiskat“-Innereien erhalten und daran gehindert werden, Kadaver von Wildtieren anzufressen. Für Menschen besonders gefährlich ist der vor allem in einigen Gegenden Süddeutschlands verbreitete „Fuchsbandwurm“, der auch durch Hunde übertragen werden kann. Neben regelmäßigen Bandwurmkuren ist es die beste Vorbeuge, den Hund in Wald und Flur anzuleinen.

Kleine Hausapotheke für den Hund

Zur Pflege und zur Ersten Hilfe sollten einige Instrumente und Medikamente bereitgehalten werden. Sie sind kindersicher, kühl und trokken aufzubewahren. Wenn unser Hund zu Reisekrankheit neigt, unter

Rheuma leidet und häufiger bestimmte andere Wehwehchen hat, werden die tierärztlich verordneten Medikamente vorrätig gehalten, um auf bewährte Weise rasch helfen zu können. Vitamin- und Mineralstoffpräparate werden dort aufbewahrt, wo sie gebraucht werden: in der „Futterküche“.

Zehn Tips für den Besuch beim Tierarzt

1 Nach Möglichkeit sollte der Hund in der Praxis des Tierarztes vorgestellt werden. Dort kann eine Erkrankung besser erkannt und behandelt werden.

2 Bei Verdacht auf ansteckende Krankheiten lassen Sie sich aber vom Tierarzt einen Sondertermin geben, oder bitten Sie ihn um einen Hausbesuch, um andere Hunde im Wartezimmer nicht anzustecken.

3 Mit einem unruhigen Hund wartet man besser im Auto, bis man an der Reihe ist.

4 Der Hund muß systematisch dazu erzogen werden, sich untersuchen zu lassen. Manipulationen an den Ohren, Öffnen des Fanges und Fiebermessen können geübt werden! Auf dem Untersuchungstisch muß der Hund beruhigt werden. Dazu müssen Sie selbst ruhig bleiben, erforderlichenfalls aber auch energisch werden.

5 Der Hund kann nicht sprechen. Daher müssen Sie Krankheitserscheinungen und -dauer genau schildern. Das erleichtert dem Tierarzt die Diagnose.

6 Bei Verdauungsstörungen ist die Beschaffenheit des Kotes genau zu beschreiben. Es ist nie verkehrt, eine Kotprobe, abgegangene Würmer oder Fremdkörper mitzunehmen.

7 Bei Verdacht auf innere Erkrankungen kann vorsorglich auch eine in einem sauberen Gefäß aufgefangene Harnprobe mitgenommen werden.

8 Bringen Sie auch den Impfpaß mit!

9 Notieren Sie die Behandlungsanweisungen; erfahrungsgemäß wird vieles nach der Aufregung des Tierarztbesuches leicht vergessen oder verwechselt.

10 Denken Sie auch an den Stolz der Dame des Tierarzthauses: Verwehren Sie Ihrem Rüden das Beinheben an den Ziersträuchern im Vorgarten nach Verlassen der Praxis.

Die Collierüden Zoby, Panter und Chi-Co

Gefahren für die menschliche Gesundheit?

Impfungen und Wurmkuren schränken Ansteckungsgefahren ein. Hygiene tut ein übriges: Selbstverständlich hat der Hund sein eigenes Lager und Futtergeschirr; beides ist peinlich sauber. Rasen und Wege werden von Hundekot freigehalten. Der Hund wird so erzogen, daß er das Gesicht nicht ableckt. Das Belecken der Hände ist Ausdruck seiner

Zuneigung. Man darf sie dulden, denn man kann sich die Hände anschließend waschen. Vorsichtige können Lager, Hütte und andere hygienegefährdete Stellen und Gegenstände regelmäßig desinfizieren. Die Mittel sollen gegen Viren, Bakterien und Pilze wirken. Zur Schnelldesinfektion eignet sich ein „Desinsektspray“, der auch Ektoparasiten abtötet. Besonders angezeigt sind solche Maßnahmen, wenn der Hund eiternde Wunden, Ekzeme, Furunkel oder eine Vorhaut-, Zahnfleisch- oder Mandelentzündung hat. Diese Infektionen sind konsequent zu behandeln. Eitererreger können auch beim Menschen Komplikationen verursachen. Vorsicht ist stets bei schlecht heilenden oder sich ausbreitenden Ekzemen geboten: Räudemilben sind zwar auf Tierarten „spezialisiert“, können jedoch auch beim Menschen juckende Hautrötungen verursachen. Hautpilzinfektionen sind auf Menschen übertragbar. Daher sollte man umgehend eine Spezialuntersuchung und Behandlung veranlassen. Pilzinfektionen entstehen beim Menschen in der Regel nur, wenn sich die Erreger länger als 12 bis 24 Stunden auf der Haut einnisten können. Gründliches Waschen bannt die Gefahr. Zusätzliche Sicherheit bietet ein Handdesinfektionsmittel, das nach Berührung verdächtiger Stellen oder Ausscheidungen in die Hände eingerieben wird.

Allergien sind auch durch größte Sauberkeit nicht immer zu vermeiden. Einige Menschen reagieren bei Kontakt mit Tierhaaren und -hautteilen mit Ausschlägen oder Atembeschwerden. Katzen, Meerschweinchen und Vögel sind viel öfter als Hunde die Auslöser; viele andere pflanzliche und tierische Stoffe kommen hinzu. Die Allergieursache kann von einem Hautarzt durch Spezialtests auf der Haut ermittelt werden. Auf Verdacht braucht also kein Hund abgeschafft zu werden. Und vor der Anschaffung eines Collies oder Shelties brauchen auch gesundheitsbewußte Hundefreunde nicht zurückzuschrecken.

Der alte Hund

Leider ist es nun einmal so, daß auch unser Hund alt wird. Eine Hündin wird im Alter von acht Jahren aus der Zucht genommen, der Rüde ist in diesem Alter nicht mehr sonderlich deckfreudig. Für beide sollte immer ein Platz im Zwinger gefunden werden, der ihnen die letzten Jahre verschönt. Für einen Collie sind zwölf Jahre schon ein reifes Alter, der Sheltie kann älter werden.

Hatte man in den ersten Jahren keine Probleme mit Zahnstein, so muß man jetzt daran denken, ihn vom Tierarzt entfernen zu lassen. Auch bei der Fütterung müssen wir darauf achten, daß der Hund nicht zu fett wird. Die Fellpflege sollte gewissenhafter durchgeführt werden, vor allem ist auf Ekzeme zu achten. Auch sollte man keine Knochen mehr füttern, denn das führt oft zum Knochenkot. Den erkennt man daran, daß er auseinanderfällt, wenn er den Boden berührt; er hat auch meist eine helle Farbe. Der Hund muß sich beim Lösen quälen. Auch den Krallen gilt besondere Aufmerksamkeit, weil das Tier, das sich jetzt weniger bewegt, die Krallen nicht abläuft. Das Schneiden sollte man einem Tierarzt überlassen, denn es ist sehr schwer zu erkennen, wie weit man gehen darf. Ihr Hund hat das Recht, so lange zu leben, wie er gesund ist und Freude am Leben hat.

Der alternde Hund schläft sehr viel. Dennoch ist es wichtig, daß er täglich seine Spaziergänge macht. Nur sollten sie nicht mehr so lang sein, und der Hund sollte das Tempo bestimmen. Den Tierarzt sucht man nun alle halbe Jahre auf. Er erkennt, was dem Hund fehlt, und greift heilend ein, um ihn lange für uns zu erhalten. Der Tierarzt weiß auch, wann es an der Zeit ist, unseren langjährigen Freund von Leiden zu erlösen. Wenn es für uns auch schwer ist, unseren treuen Gefährten zu verlieren, so ist es keine Tierliebe, wenn man weiß, daß der Hund sich quält und wir ihm die Sterbehilfe verweigern. Ist es nun einmal soweit, tröstet man sich am besten darüber hinweg, wenn man sich möglichst bald wieder einen jungen Hund als neuen Hausgenossen nimmt.

Anschriften, die Sie kennen sollten

Club für Britische Hütehunde e. V., Sitz Frankfurt am Main,

Präsident
Peter Zimmer
Dopheide 53
W-4815 Schloß Holte

Stellvertretender Präsident
Klaus Frankenberger
Auf der Höhe 4
W-5231 Birnbach/Westerwald

Zuchtbuchstelle
Ursula Müller
Bahnstraße 8
W-5161 Merzenich

Richter- und Körmeister-Obmann
komm. Wilhelm Sandomir
Volpertstraße 22
W-5374 Hellenthal-Hollerath

Hauptzuchtwart
Wilhelm Sandomir
Volpertstr. 22
W-5374 Hellenthal-Hollerath

Sport – Erziehung – Ausbildung
G. Hertrich
Am Dicken Turm 45
W-5860 Iserlohn

Referent für das Ausstellungswesen
Peter Borchers
Im Winkel 30
W-3201 Diekholzen

Verband für das Deutsche
Hundewesen e. V. (VDH)
Westfalendamm 174
W-4600 Dortmund 1

Weiterführende Literatur aus dem Verlag Paul Parey, Hamburg und Berlin

Beyersdorf, P., 1981:	Dein Hund auf Ausstellungen.
Brehm, P., 1980:	Dein Hund im Recht.
Burtzik, P., 1984:	Erziehung und Ausbildung des Hundes. 3. Auflage.
Fiedelmeier, L., 1983:	Kauf, Pflege und Fütterung des Hundes. 3. Auflage.
Kober, U., 1981:	Pareys Hundebuch.
Poortvliet, R., 1987:	Mein Hundebuch. 2. Auflage.
Quednau, F., 1987:	Rechtskunde für Hundehalter.
Schmidtke, H.-O., 1984:	Gesundheitsfibel für Hunde. 2. Auflage.
Weidt, H., 1989:	Der Hund, mit dem wir leben: Verhalten und Wesen.